- 本书为中央级公益性科研院所基本科研业务费专项资金资助项目

"十二五"国家重点图书

中国农业科学院
农业经济与发展研究所
研究论丛
第 3 辑

IAED

The Impact of Climate Change on
Agricultural Production and Rural Livelihood

气候变化对农业生产和农户生计影响问题研究

■ 刘静 /著

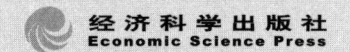

经济科学出版社
Economic Science Press

中国农业科学院农业经济与发展研究所
研究论丛编委会

主　　　任：秦　富

常务副主任：王济民

执行副主任：毛世平

编委会成员：（按姓氏笔画为序）

马　飞　朱立志　任爱荣　任爱胜

李宁辉　李先德　吴敬学　赵芝俊

夏　英　蒋和平

前 言

以全球变暖为主要特征的气候变化问题已引起世界各国的广泛关注。在全球变暖的背景下，气温、降水等气候要素也随之发生变化，这些可能使粮食减产，淡水供给减少、质量下降，疾病传播范围加大，不仅影响社会经济的可持续发展，而且会威胁到人类的生存与发展。鉴于气候变化内涵丰富，涉及内容较多，受能力以及其他因素的限制，本书选择气候变化影响最为显著的农业生产作为研究对象，从农业生产、水资源利用、农户收入和农村减贫等角度比较全面地分析气候变化的影响。由气候变化导致的水资源短缺、病虫害加重和荒漠化加剧等使得中国粮食安全面临巨大挑战。为此，本研究试图回答如下问题：改善水资源短缺，提高水资源利用对确保粮食安全的重要作用；为应对气候变化，确保粮食安全，如何有效提高我国水资源利用。对上述两个问题的回答，将为今后制定有针对性的粮食安全政策提供更加可靠和科学的实证依据。同时为了实现农户生计的可持续性，本书利用农户微观调查数据，探明气候变化对农户农业生计的影响程度、方式、路径以及特点，以期从微观层面为农户更好地适应气候变化提供一些科学的方法建议，从宏观层面为政府制定有区别和有针对性的适应及减缓政策提供建议。

本书的研究成果得到2013年度和2014年度中央公益性科研院所基本科研业务费专项资金资助。在课题研究和书稿撰写过程中，得到相关专家和政府工作人员的许多宝贵意见和建议，作者在此表示衷心感谢。

由于时间原因，本书的内容尚未覆盖气候变化对农业生产和农户生计影响的所有方面，我们仍将在这一领域进行深入的研究，同时也希望能与相同领域研究人员有进一步的交流与合作。

作 者
2013年10月

目录

第1章 农业领域气候变化影响总论 / 1

1.1 问题的提出与研究意义 / 1
1.2 相关研究文献综述 / 3
    1.2.1 气候变化事实研究 / 3
    1.2.2 气候变化的影响研究 / 4
    1.2.3 气候变化对农户生计影响 / 8
    1.2.4 文献研究评述 / 11

第2章 气候变化与农村减贫 / 12

2.1 问题的提出 / 12
2.2 文献研究回顾 / 14
    2.2.1 减贫的推动力量 / 14
    2.2.2 水资源短缺现状、趋势和影响 / 14
    2.2.3 气候变化、农业生产和反贫困 / 15
    2.2.4 灌溉、农业生产和反贫困 / 17
2.3 分析框架 / 18
2.4 描述性统计分析 / 21
    2.4.1 贫困基本情况 / 21
    2.4.2 干旱和贫困 / 22

        2.4.3　粮食单产、灌溉率、旱涝保收率 / 24
　　2.5　实证模型及结果 / 25
        2.5.1　模型设定 / 25
        2.5.2　模型结果 / 27
　　2.6　结论及政策建议 / 31
        2.6.1　结论 / 31
        2.6.2　政策建议 / 33
　　2.7　不足和未来研究方向 / 35
        2.7.1　研究存在的不足 / 35
        2.7.2　未来研究方向 / 35

第3章　气候变化与灌溉水资源节约利用 / 37

　　3.1　新疆番茄膜下滴灌技术概述 / 38
        3.1.1　新疆番茄产业发展现状 / 38
        3.1.2　节水灌溉对新疆农业生产的影响 / 39
        3.1.3　国外滴灌技术效果概述 / 39
        3.1.4　新疆番茄膜下滴灌采纳综述 / 40
　　3.2　农户技术采纳文献综述 / 41
        3.2.1　有关农户技术选择行为的理论研究 / 42
        3.2.2　诱导性技术创新理论 / 43
        3.2.3　有关农户技术选择的实证研究 / 45
        3.2.4　农户自身特征对农户技术选择行为的影响 / 46
        3.2.5　技术诱导因素对农户技术选择行为的影响 / 48
        3.2.6　外部环境对农户技术选择行为的影响 / 50
        3.2.7　国内外研究评价 / 52
　　3.3　农业节水灌溉供给主体经济学特性 / 53
　　3.4　农业节水灌溉需求主体经济学特性 / 54
　　3.5　调查地区基本情况 / 56
        3.5.1　总体情况 / 56
        3.5.2　番茄膜下滴灌技术效果分析 / 57

  3.5.3 番茄膜下滴灌技术经济效益分析 / 58
3.6 膜下滴灌技术实证分析 / 59
3.7 膜下滴灌存在的问题 / 63
3.8 推广膜下滴灌的政策建议 / 63

第4章 气候变化对宁夏农户生计的影响 / 64

4.1 调查地区基本情况 / 64
4.2 气候变化和干旱对农户家计的影响 / 69
4.3 农户受灾时适应性措施 / 72
4.4 讨论和对结果的解释 / 76
4.5 需要继续研究的问题 / 78
4.6 主要结论 / 78

第5章 气候变化对陕西省粮食生产的影响 / 79

5.1 陕西省气候变化描述性分析 / 79
  5.1.1 气温 / 79
  5.1.2 降水 / 80
5.2 陕西省粮食生产描述性分析 / 81
5.3 模型与变量 / 83
  5.3.1 实证模型构建 / 83
  5.3.2 数据来源与处理 / 84
  5.3.3 结果分析 / 85
5.4 适应措施建议 / 88

第6章 西南贫困山区适应气候变化资金测算 / 90

6.1 研究地区 / 91
6.2 调查情况概述 / 93
6.3 研究方法 / 95
6.4 广西田东农户调查概述 / 97
  6.4.1 调查农户基本情况 / 97

        6.4.2　农户对气候变化的认知 / 100
　　6.5　田东已采取措施的成本收益分析 / 102
　　　　6.5.1　农作物种植模式调整 / 103
　　　　6.5.2　生态建设 / 114
　　　　6.5.3　集雨节水抗旱工程 / 117
　　　　6.5.4　新能源利用开发 / 118
　　　　6.5.5　能力建设 / 118
　　　　6.5.6　人工影响天气 / 119
　　　　6.5.7　巩固加强现有措施 / 120

第7章　气候变化对农户生计影响理论分析 / 124

　　7.1　可持续生计分析方法研究进展 / 124
　　7.2　国外气候变化对农户生计影响的研究 / 125
　　7.3　国内气候变化对农户生计影响的研究 / 127
　　　　7.3.1　气候变化对水资源的影响 / 127
　　　　7.3.2　气候变化对农业生产的影响 / 128
　　　　7.3.3　气候变化对农户生计的影响 / 130
　　　　7.3.4　气候变化对政策的影响 / 130
　　7.4　未来研究方向 / 130

第8章　结论和建议 / 132

　　8.1　气候变化——范围最大、规模最大的市场失灵现象 / 132
　　8.2　政府机构面临的机遇和挑战 / 133
　　　　8.2.1　政府机构面临的机遇 / 133
　　　　8.2.2　政府机构面临的挑战 / 134
　　8.3　各级政府采取的对策 / 135
　　　　8.3.1　中央政府采取的对策 / 135
　　　　8.3.2　地方政府采取的对策 / 136
　　　　8.3.3　宁夏农户应对气候变化 / 136

附录1　广西田东应对气候变化具体措施　/　**138**
附录2　1950～2009年全国水旱灾情统计　/　**141**
附录3　2009年全国水旱灾害造成的损失　/　**146**
附录4　2009年各省市人均水资源占有量和灌溉率排名　/　**148**

参考文献　/　**150**

第1章

农业领域气候变化影响总论

1.1 问题的提出与研究意义

以全球变暖为主要特征的气候变化问题已引起世界各国的广泛关注。许多国际组织、各国政府、研究机构以及众多的研究者们都对气候变化问题进行了大量的研究与探讨，取得了丰硕成果，让我们对气候变化有了更科学的认识。联合国于1992年通过了《联合国气候变化框架公约》，旨在全面控制温室气体，应对气候变化对人类造成的不利影响，期间的《京都议定书》与《哥本哈根协议》都体现了各国对气候变化问题的重视。前世界银行首席经济师、英国经济学家尼古拉斯·斯特恩于2006年发布《斯特恩报告》，从经济学的角度对气候变化问题进行了全面分析，引起了广泛关注。他强调，面对气候变化，及早采取措施的好处远远大于成本。中国国家发展和改革委员会于2008年成立应对气候变化司，旨在提高中国对应气候变化的能力……这些都表明气候变化问题的应对与解决已经迫在眉睫。

政府间气候变化专门委员会（IPCC）是负责评估气候变化的主要国际机构，该机构迄今已经发布了四次正式报告，分别在1990年、1995年、2001年及2007年。其中，第四次报告通过一系列科学的观察事实指出，过去100年（1906~2005年）的温度线性趋势为0.74℃，通过一系列的气候排放情景模拟，预估未来20年气温将以每十年约0.2℃的速率变暖，并会诱发全球气候系统中的许多变化，如干旱、热浪、强降水等极端天气事件的发生频率和强度有加大的风险。"中国应对气候变化国家方案"(2007)也指出,近百年来,中国年平均气温升高了0.5~0.8℃,近50年变暖尤其明显。因此,一系列的事实证明,气候系统在总体上变暖的趋势已是毋庸置疑。

在全球变暖的背景下,气温、降水等气候要素也随之发生变化,同时气候变率增加使得水文循环加速,进而导致极端天气、旱涝等气象灾害的频发。这些变化可能引致粮食减产,淡水供给减少、质量下降,疾病传播范围加大,不仅影响社会经济的可持续发展,而且会威胁到人类的生存与发展(王颖,2006)。研究表明,气候变化已经对中国产生了一定影响,造成沿海海平面上升、西北冰川面积减少、春季物候期提前等,而且未来将继续对中国自然生态系统和经济社会系统产生重要影响(中国应对气候变化国家方案,2007)。

农业是自然再生产和经济再生产相互交织的产业,这种本质特性决定了农业生产必然受到自然条件的限制和影响(吴敌等,2004;曾庆芬,2007)。许多研究表明,气候变化已经对中国的农业生产造成了重要影响,未来也不可避免地带来不同程度的影响(周曙东等,2013;陶生才等,2011;林而达等,2003)。在气候变化背景下,农业生产所依赖的气温、降水等气候因素发生改变,特别是近年来各种区域性的干旱、强降水等极端天气、气候事件发生频率和强度均呈现增加的趋势,极可能给农业生产带来毁灭性的破坏。如2010年中国西南五省的持续干旱、甘肃舟曲由于突发强降水引发的特大山洪泥石流,以及2012年北京"7·12"特大暴雨等。就粮食生产而言,自20世纪90年代以来,中国平均每年因各种气象灾害造成粮食损失约2 000万吨,气候变化已经对中国的粮食安全带来不可忽视的影响。未来气候变暖将使中国北方地区水资源短缺加剧,长江中下游水稻主产区强降水事件频率有所增加,气候变化将继续对中国粮食安全造成严重威胁。

中国是农业大国,农村人口占全国人口的绝大比例,而绝大多数的农村人口都主要以农业为最基本的生计策略,农业生产为农户提供了最基本的生活保障;中国也是农业弱国,农业生产的技术含量不高,基础设施不配套,天生弱质性的农业具有很高的自然风险。因此,农业(尤其是大田作物）是对气候变化最敏感的产业（陶生才等，2011；林而达等，2003），对农业生产依赖性较高的农户应对气候变化的能力也最为脆弱。

随着社会经济的发展，虽然农户的生计方式趋于多样化，非农收入在农户收入中所占比重越来越大，但目前农业收入仍然是绝大多数农民最主要、最基本的收入来源（杨春玲等，2010），农业生计依然是绝大多数农户赖以生存的基本生计策略。气候变化通过影响农户农业生产所需的各种资本、活动等，可以直接和间接地从不同方面以不同方式给农户农业生计带来不同程度的影响。因此，为了更好地解决"三农"问题，实现农户生计的可持续性，需要搞清楚气候变化对农户农业生计的影响程度、方式、路径以及特点，以期从微观层面为农户更好地适应气候变化提供一些科学的方法建议，从宏观层面为政府制定有区别的针对性的适应和减缓政策提供建议。

粮食安全除了受人口、耕地、城市化、经济发展、科技水平和政策影响外，很大程度上取决于气候因素。气候变化导致的水资源短缺、病虫害加重和荒漠化加剧等使得中国粮食安全面临巨大挑战，为此，本书试图回答以下问题：改善水资源短缺，提高水资源利用对确保粮食安全的重要作用；为应对气候变化确保粮食安全，如何有效提高我国水资源利用。对以上两个问题的回答，可以为今后制定有针对性的粮食安全政策提供更加可靠和科学的实证依据。

1.2 相关研究文献综述

1.2.1 气候变化事实研究

全球气候变化是国内外研究的热点问题。但全球气候变化是一个复杂的过程，是多种因素共同作用的结果（拓守廷、刘志飞等，2003）。由于研究方法不一，目前在气候变化问题上还莫衷一是（王绍武、罗勇等，2011）。

王绍武、龚道溢（2001）通过对气候变化争议性问题的分析，认为气温观测资料证明20世纪气候确实是变暖了，这是一个无可争辩的事实，而且变暖在20世纪的最后20多年时间里加速了，而人类活动影响很可能是20世纪气候变暖的主要原因之一。

辛格（Singer，1999）认为，20世纪，特别是近20年气候是否变暖尚有争议。他对温室效应造成全球气候变暖的论断基本持否定态度，认为1880～1940年全球气温有所上升只是在所谓"小冰期"长期持续寒冷之后的回暖，可能是自然变化，而并非是人类活动的影响，近地面气温的上升主要是热岛效应的结果（Singer S. F.，1999）。靳建辉、刘秀铭等（2012）对近年来全球气候变化的相关研究成果进行了梳理，认为对IPCC观察到的过去百年升温0.74℃现象的合理推论应该是：全球变冷大趋势下的次级波动，而并非变暖的趋势定论。

虽然关于气候变冷还是变暖没有定论，作为主流观点的气候变暖（林之光，2010）受到不少的争议（王绍武等，2001），但是地面实测温度的升高、大面积的积雪和冰融化、海平面的持续上升等一系列事实证明，至少目前全球气候系统变暖是毋庸置疑的，同时还引发了全球范围内各种极端天气、气候事件的频发。面对气候变化，积极的适应和减缓措施是很有必要的。

1.2.2 气候变化的影响研究

IPCC报告（2007）指出，气候变化将影响到人类的基本生活元素——水的获得、粮食生产、健康和环境。"中国应对气候变化国家影响方案"（2007）也指出，气候变化已经对中国农牧业、水资源等造成了一定影响，未来将继续对中国自然生态系统和经济社会系统产生重要影响。

鉴于气候变化影响的地域差异性，对气候变化的影响不能一概而论。多数学者认为气候变化的影响利弊皆有，但从目前来看，以不利影响为主（邸少华等，2011；林而达等，2006；夏军等，2008）。林而达、许吟隆等（2006）认为，已经观测到的气候变化影响是显著的、多方面的，各个领域和地区都存在有利和不利影响，但以不利影响为主，未来的气候变暖将会对中国的生态系统、农业以及水资源等部门和沿海地区产生重大的不利影响。夏军、托马斯·坦纳等（2008）认为，气候变化将会降低经济发展效率，增加投资风险，但在某些情况下也会产生有利影响，为经济增长和人类社会发展提供机遇。

由于气候变化影响和响应的地理分异性，在此仅概述国内相关研究结论。国内学者基于不同尺度（全国、区域、流域等），面向不同对象（水资源、农业生产、某种作物、自然生态系统、旅游产业等），利用不同方法（历史数据分析、模拟预测等）进行了大量研究。下面概述研究较多的几方面。

1. 气候变化对水资源的影响

对气候变化影响关注最多的是水资源。学者们从不同层面、不同角度对气候变化引起的水资源变化进行了大量研究，取得了比较一致的观点。认为近百年来的气候变化主要表现为：气温升高，增加了蒸发量；降水变率增加，降雨的季节性差异明显；由于蒸发增大，降雨减少，河流的来水量随之减少，径流量呈现明显的减少趋势。

根据实测结果，近40年来，我国海河、淮河、黄河、松花江、长江、珠江六大江河的径流量大多呈下降趋势，这将加剧我国水资源供需紧张的矛盾，北方地区更为突出。而气候变化导致的来水量减少是流域干旱的重要原因；同时，降水变率增加、水文循环过程加快，导致极端降水事件和干旱出现的频率加大（刘吉峰等，刘昌明等，2008）。因此，在人口增加和气候变化的双重影响下，未来需水量的不确定性将增加（中国应对气候变化国家方案，2007；刘昌明等，2008）。

我国年均降水量变化趋势不显著，但区域降水变化波动较大。未来降水量略有增加，但增幅不大，而且降水的时空分布更加不均匀。彭世彰等（2009）的研究表明，近50年来，中国西部地区降水增加了15%~50%，而东部地区则频繁出现"南涝北旱"的现象，华南地区降水增加了5%~10%，而华北和东北大部分地区的降水减少了10%~30%。2010年春季云南发生的干旱是一种极端天气气候事件的表现。

由于水资源对气候变化响应具有地理分异性（刘昌明、刘小莽等，2008），因此，在大的趋势下，不同地区有不同的响应，应该在整体变动趋势下进行区域性的针对性研究。

2. 气候变化对农业生产的影响

农业生产关系到我国的粮食安全，而农业是对气候变化最为敏感的产业之一（许小峰等，2006），具有较高的自然风险性，受气候变化影响显著。虽然技术在不断进步，但仍然不能使农业生产完全适应不可控的天气与气候条件，更是无法抵御干旱、洪涝、冰雹、霜冻等具有毁灭性的自然灾害（林志玲，2007）。气候要素是农业生产中重要的投入要素。气候变化通过改变农业生产所需要的水、土、气等条件来影响农作物的生长条件和生长环境。

（1）干旱和降水。干旱和降水的作用是相互的，有研究表明，气温每上升1℃，农业灌溉用水量将增加6%~10%（郭明顺等，2008）。在气温升高趋势下，农作物的生态需水和灌溉用水增加，而降水的季节、年际分布不均以及流域径流量逐渐减少不能够满足这一需求（彭世彰等，2009；居辉等，2007），往往不能适时补给作物生长所需要的水分，因此，在灌溉设施不完善、不配套的情况下，灌溉跟不上，农业产量必然下降。

农业生产受病虫害的影响严重，据统计，我国因病虫害造成的损失为农业总产值的20%~25%（林而达等，2003）。温度以及水分的变化很可能使害虫及其天敌间种群相互作用关系发生复杂变化；气温升高条件下，利于害虫和病原体安全过冬，病虫害的发生概率加大；作物病虫害的发生世代、越冬北界及分布范围发生变化，病虫害发生面积、危害程度和发生频率均呈逐年增长的趋势（叶彩玲等，2005；刘彦随等，2010）。

然而，在气温升高的趋势下，也会给一些原来温度低的区域带来机遇，如不能种植冬小麦的北方地区可以种植冬小麦。侯麟科等通过对历史数据的计量分析，得出气温升高，小麦种植面积向北部扩张，种植面积增加的结论（Lin Ke HOU et al.，2012）。

（2）二氧化碳。一方面，二氧化碳具有一定的肥效作用，熊伟等（2006）通过对两种不同的二氧化碳排放情景——A2（中—高）和B2（中—低）下气候变化的模拟分析，得到：若不考虑二氧化碳的肥效作用，未来我国的三种主要粮食作物（小麦、玉米和水稻）单产水平将降低，若采取灌溉的适应措施后，下降幅度会有一定减少，但下降趋势还将继续；若考虑二氧化碳的肥效作用，未来三种主要粮食作物的单产水平都将上升，可基本保证未来的粮食安全。郝兴宇等通过对大豆生产的模拟研究，认为干旱胁迫不利于大豆光合作用，将造成大豆减产；若不考虑二氧化碳浓度肥效的情况，未来气候变化下大豆产量将下降；如果考虑二氧化碳浓度升高的影响，大豆产量将大幅提高（郝兴宇，2010）。另一方面，由于二氧化碳浓度的增加，作物对水的利用效率提高，可能会减少农业用水紧缺的矛盾（曹建廷，2010）。

未来气候变化条件下，在浓度适当增加的范围内，虽然二氧化碳能起到一定的肥效作用，但是高浓度的二氧化碳导致气温的升高，增加了作物的生态需水量及农业灌溉需水量。没有水分的补给，农作物只能面临减产或绝收的局面。

3. 农业生产对气候变化的适应

虽然气候变化的影响具有不确定性，但目前所见的事实表明，气候变化已经直接或间接地对我国社会经济带来了不同程度的影响。由于气候变化的影响具有区域性，利弊皆有，不能谈气候而色变，应制定合理的应对措施，适应与减缓并重，增强应对能力，趋利避害，有效降低不利影响造成的危害，充分利用有利影响带来的机遇（林而达、许吟隆等，2006）。

由于农业是对气候变化最为敏感的产业，在此仅概述农业领域对气候变化的适应。农业领域的适应主要包括两方面的内容：一是农户自发性的调整行为；二是政府基于科学合理的评估制定的政策与规划，指导农户的生产行为（吴丽丽等，2010）。农业领域的适应性研究主要结论集中在：调整种植结构、改变种植制度、培育新品种、改善农业基础设施、发展节水灌溉、加强气象监测能力、风险转移制度建设等（林而达、杨修，2003；李希辰等，2011）。

由于我国区域差异较大，各地的自然气候条件、经济水平、种植结构以及农业生产条件有很大差异，各地对气候变化敏感性不同，目前提出的适应性对策尚不具有普适性（吴丽丽等，2010），因此气候变化适应方案的制定要有针对性。李希辰等（2011）提出了分区域的气候变化风险和适应措施。

也有学者针对某种作物进行研究,如孙芳通过对小麦、玉米、水稻三种粮食作物种植情况的预测,认为种植结构调整、播期改变、改种新品种等是可行的农业气候变化适应技术措施(孙芳,2008);袁静(2008)利用 CERES – Wheat 模型对小麦生长进行模拟,认为适当调整播期、培育引进新品种都可以有效地提高小麦的产量。周力等(2012)利用计量经济学对中国水稻主产区极端气象事件的灾后适应能力进行研究,发现有些地方并没有将农业产业结构向养殖业倾斜,在政府扶持与创新激励下,种植业反而恢复生产甚至进一步扩张;对经济相对欠发达地区,由于恢复生产的机会成本原因,出现了劳动力转移现象;现有的灾后适应能力多为微观层面的农户行为,因此亟待政府力量的强化。

1.2.3 气候变化对农户生计影响

1. 生计研究评述

生计研究的起点是生计的概念化,而生计概念的厘清又是一个持续不断的过程(李斌,2004)。这主要是因为生计系统是由一套复杂多样的经济、社会和物质策略构建的(新吉尔曼,2000)。生计概念内涵丰富、外延广泛,目前,相关国际发展研究机构和学者对生计的概念还没有达成共识,不同研究机构和学者结合自己的研究目的及兴趣提出了自己对生计的理解与看法。

钱伯斯和康韦(Chambers & Conway,1992)认为生计是谋生的方式,该谋生方式建立在能力、资本(包括储备物、资源、要求权、享有权)和活动基础之上(Chambers, R. et al., 1992)。斯库恩斯(Scoones,1998)提出的定义则更多地考虑可持续性,他认为生计是由谋生所需要的能力、资产(包括物资资源、社会资源)和行动组成,实现不同生计策略的能力依赖于个人拥有的物质及社会资产以及有形资产、无形资产。为了能够进行实证的调查,他借用经济学术语对四种资产的组成进行了重新划分,即自然资本、金融资本、人力资本和社会资本。埃利斯(Ellis)从农村生计多样化的角度出发,认为生计包括资产(自然、物质、人力、金融、社会资本)、行动和获得这些资产的途径(受到制度与社会关系的调节),这一切决定了个人或农户生存所需资源的获取。尽管不同学者对生计概念的表达方式不一,但大家对生计核心要素的认识是一致的,即资产、行动和能力。一个被广泛接受的定义是:生计包括人们为了谋生所需要的能力、资产(储存、资源、要求权、享有权)以及所从事的活动(Chambers & Conway,1992)。

2. 可持续生计方法研究评述

1987年,世界环境与发展委员会(WECD)报告《我们共同的未来》首次将"可持续"一词引入发展领域(Arce,2003;WECD,1987),报告提出了一个综合性的概念——可持续生计安全,认为生计是满足基本需求所需要的足够的食物或现金储备量以及流动量;安全指的是资源所有权和使用权以及谋生活动的安全;可持续是指个人或家庭为改善长远的生活状况所拥有和获得谋生的能力、资产及收入的活动(纳列什·辛格和乔纳森·吉尔曼,2000)。包括:拥有土地、家禽和树木;拥有放牧、捕鱼、打猎或集会的权力;有稳定就业,并能够从中获得丰厚的报酬;其他各种各样的生计活动。直到20世纪90年代初,"可持续生计"一词才进入发展领域。随着对减贫、可持续性、发展理论和实践的逐渐重视,使得生计概念、模型和框架在最近20年里被广泛应用,并取得了较大的发展(Scoones,2009)。在前人相关研究以及WCED可持续生计概念的基础上,钱伯斯和康韦(1992)试图避开以前对"贫困"的狭隘定义,将"能力、公平和可持续性"融入生计概念,使其成为一个综合性的整体。一种生计是可持续的,其含义是,它可以应对并能在压力和打击下得到恢复;维持或提高人们的能力或资产;为下一代可持续生计提供机会;不论是在短期还是在长期,这些都会对当地或全球其他生计带来净效益(Chambers & Conway,1992)。钱伯斯和康韦(1992)的工作为可持续生计概念在发展领域的广泛应用奠定了基础,自此,可持续生计定义和框架研究不断激增,取得了许多成果,被采用到许多不同的实际应用中,如食物安全、减贫、灾难救援等(Scoones,2009;Bennett,2010)。

可持续生计方法是一种关于确定发展目标、范围和优先重点的思考方式，把人放在发展的中心，为分析复杂的农村发展问题提供了一个很好的思路（Scoones, 2009; DFID, 1999）。可持续生计方法包括一系列用于指导发展干预的原则，一个用于生计分析的框架，一套建立在汲取不同学科发展经验教训基础上的工具和方法（Ashley & Carney, 1999; 李斌等, 2004）。生计框架是生计分析方法的主要内容之一，它是在生计及可持续生计概念基础上，为更好、更全面地使用生计方法进行问题分析而提出来的一个工具。虽然生计框架并不能包含所有的生计思想，但强调了生计方法的主要内容，能够为可持续生计分析提供一个整体的综合性的视角（Carney, 2002）。

胡恩等（Hoon et al., 1997）首次将生计概念形象化，提出了第一个生计分析模型，并且构建了一系列的指标。斯库恩斯（1998）提出了第二个可持续生计框架，主要包括五个关键指标：宏观、微观环境以及传统和趋势（政策、历史、人口、气候、社会圈）；当地的生计资源（社会、政治、经济、人力、自然资本）；缓和的制度过程和组织结构（正式的及非正式的）；生计策略（多样化、集约化、移民）；可持续生计结果（工作时间、减贫、福利、能力、适应、脆弱性、恢复力和自然资源保护）。贝宾顿（Bebbington, 1999）在安第斯生计分析基础上提出了一个与众不同的分析农村生计可持续性的框架，它是非线性的循环框架，将个体和家庭获取五种资本资产（生产、人力、社会、自然和文化）的问题作为核心，认为社会资本是特别重要的资产，它可以决定或扩宽对其他资产、资源的获取。埃利斯（2000）再次关注生计多样性，提出了一个基于经济思考的定义和审视生计的框架，认为生计是在趋势和冲击的环境下，建立在资产平台上，而资产的获取受到社会关系、制度和组织的影响，生计策略是由许多以自然资源和非自然资源为基础的活动组成，最终会影响到生计安全和环境的可持续性。

3. 气候变化对农户生计的影响

关于气候变化对生计的影响，国外学者和发展研究机构已经进行了许多研究，这些研究有许多相似之处，他们都遵循"气候变化—脆弱性—影响—适应"的分析思路。将气候变化视为一种脆弱性冲击,系统地分析气候变化对构成生计的各个方面(生计资本、生计策略、生计结果)的影响,由于农业是农民生计的主要来源,多数研究都着重分析了气候变化对农业生产带来的影响,笔者将在第7章详细论述气候变化对农户生计影响。

1.2.4 文献研究评述

综上所述,气候系统变暖已是毋庸置疑,而且给农业带来了一定程度的影响,诸多研究者进行了大量研究,取得了丰硕成果,但已有研究还有一些不足之处。

在气候变化与农业相关研究中,主要侧重于影响、脆弱性和适应,而以影响研究最多。研究方法上,一是自然科学中运用作物模型气候情景的模拟预测;二是社会科学中运用计量经济模型进行实证研究。排放情景模拟预测的不足之处是由于假设条件的不同而存在很多不确定性;计量经济分析方面则多为宏观层面的分析,缺乏微观层面的实证支持。

气候变化与生计的交叉研究是一个新的领域,国外研究较多,研究区域多为非洲地区,研究者多为一些国际机构,如UNDP、IISD、CARE等。国内研究较少,还存在很大的空白,亟待理论和方法的创新。由于气候变化内涵丰富,涉及内容较多,受能力以及其他因素的限制,本书拟选择气候变化影响最为显著的农业生产作为研究对象,从农业生产、水资源利用、农户收入和农村减贫等角度比较全面地分析气候变化的影响。具体内容包括:第2章详细论述气候变化对农村减贫的影响;第3章详细论述气候变化对灌溉水资源节约利用的影响;第4章以宁夏为案例,分析论述气候变化对农户生计的影响;第5章以陕西为案例,分析论述气候变化对陕西粮食生产的影响;第6章从气候变化适应性角度出发,分析测算西南贫困地区适应气候变化所需资金投入;第7章在以上定量分析的基础上,进一步从理论角度分析气候变化对农户生计的影响;第8章对上述研究进行总结,提出研究结论和相应政策建议及未来研究方向。

第 2 章

气候变化与农村减贫 *

2.1 问题的提出

过去三十多年，我国成功实现了经济持续增长和贫困人口的大规模减少，近 2.4 亿极端贫困人口①和 5 亿以上生活在 1 天 1 美元标准以下的贫困人口摆脱了贫困（汪三贵，2008）。虽然在减贫方面我国取得了巨大成就，但缓解和消除贫困仍然面临巨大挑战，主要原因是贫困人口分布与生态环境脆弱区地理空间分布高度一致②，使得消除剩余贫困人口更加困难。具体来看，贫困人口集中分布在西南石山区（缺土、土壤保水能力差、集雨设施缺乏）、西北黄土高原区（干旱少雨、严重缺水）、秦巴贫困山区（土地落差大、耕地少、水资源短缺、交通状况恶劣、水土流失严重）以及青藏高寒区（积温严重不足）和陆路边境等特殊贫困片区（底瑜，2005；樊胜根等，2010；中国农村贫困监测报告 2010）。根据人均耕地、相对高度、年平均温度以及大于 10℃ 的积温、年降雨量和干燥度等自然

---

* 感谢中国农科院辛翔飞博士对回归模型提出的启发性建议和李美娟硕士 GIS 作图帮助，感谢香港乐施会提供的经费支持。

① 按照中国官方贫困线和收入指标估计，农村贫困人口从 1978 年的 2.5 亿下降到 2007 年的 1 478 万，共减少了 2.35 亿。中国官方的农村贫困线由国家统计局制定，以 2 100 大卡的热量为计算基础，这一贫困线标准只有按购买力平价（PPP）计算的 1 天 1 美元贫困标准的 2/3，国际上通用的极端贫困线为 1 天 0.75 美元，属于极端贫困标准。

② 2008 年国家环境保护部印发《全国生态脆弱区保护规划纲要》，指出 2005 年全国绝对贫困人口 95% 以上分布在生态环境极度脆弱地区。

资源条件的相似、相异性,可将以上贫困地区分为两大资源类型。一类以黄土高原丘陵沟壑区、青藏高原区和蒙新旱区为典型代表,其基本特点是干旱少雨、水资源严重短缺、旱灾频发、土地沙漠化严重;另一类以西南石山区和东部丘陵山区为典型代表,其基本特点是耕地稀少、土壤保水性能差、土地落差大、降雨充沛但缺乏有效集雨设施、水土流失严重(汪三贵,1992)。

虽然不同贫困地区面临的资源环境限制因素有很大差异,但是上述两大资源类型贫困人口共同面临无法有效获得水资源问题,换句话说,水资源获得能力弱是生态环境脆弱、贫困农户生计困难的深层原因。从发展角度看,这些贫困地区社会发展滞后、生产力水平低下、基础设施落后、公共服务欠缺、生产经营能力弱、粮食自给困难,贫困人口已经陷入资源短缺、环境退化、贫困加深的恶性循环之中(于发稳,2004;底瑜,2005)。更糟的是,IPCC报告指出气候变化将会影响水的获得;《中国应对气候变化国家方案》也得出结论,未来气候变化将使我国北方水资源短缺状况将进一步加剧,华东地区洪涝风险加大,极端天气事件(干旱、洪涝灾害)发生频率增加,突发性气候和地质灾害增多使贫困地区面临更大威胁(中国农村贫困监测报告2010)。

中国农业增长和农村扶贫的著述颇丰,但是很少有研究将水、气候变化同贫困联系起来进行实证分析[①]。笔者认为,缓解贫困除了受经济增长、国家经济政策和农业农村发展等因素的影响外,在很大程度上取决于生态环境条件,包括水资源的获得和利用以及适应气候变化能力的加强。为此,本书试图回答如下问题:提高贫困人口水资源获得能力是否有助于缓解贫困;如何有效提高贫困人口应对气候变化的能力。对以上两个问题的回答,可以为今后制定有针对性的扶贫措施提供更加可靠和科学的实证依据。

本书主要内容包括:对相关研究进行回顾和总结,提出分析框架和研究假设,接着对研究对象进行统计描述分析并运用回归分析方法揭示

---

① 有一些研究将灌溉同贫困联系起来(Huang,2005;Huang,2006;王金霞,2005;刘静,2008;刘静,2010;李玉敏,2009),或将气候变化同贫困联系起来(许吟隆、居辉,2009;王金霞,2008;刘静,2006),文献综述部分会详细讨论上述内容。

水资源、气候变化同贫困之间的数量关系,最后得出结论和相应政策建议。

2.2 文献研究回顾

2.2.1 减贫的推动力量

我国关于大规模减贫推动力量的研究很多,这些研究使用了国家、省级、县级和住户等不同层面的调查数据,得出经济增长,特别是农业和农村经济的持续增长是我国大规模减贫的主要推动力量,而一系列政策措施,制度改革,持续的人力、物质资本积累以及技术进步是农业和农村经济增长的原动力 (Lin, 1992; Chen et al., 2004; Yao, 2000; Ravallion et al., 2007; 中国发展研究基金会, 2007; 汪三贵, 2008; 世界银行, 2009)。然而,随着经济增长的扶贫效应下降,扶贫将变得更加困难。例如,在第六个五年计划期间,经济每增长 1 个百分点,就能带来贫困率下降 2 个百分点以上;然而在第十个五年计划期间,贫困率对经济增长的弹性系数已经下降到 1 左右 (世界银行, 2009)。

2.2.2 水资源短缺现状、趋势和影响

大量研究表明,无论是总体判断,还是从灌溉水源、供水可靠性和地下水位变动趋势等其他方面进行分析,我国水资源短缺状况都不容忽视,并且这一趋势在逐年加重 (王金霞, 2004; 汪恕诚, 2006; Wang, 2007; 李玉敏等, 2009)。随着水资源供给量减少,我国人均水资源占有量一直在下降,2000 年人均水资源量为 2 194 立方米/人,到 2009 年这一指标下降为 1 816 立方米/人,不足世界平均水平的 1/4[①]。有 11 个省、市、自治

[①] 据联合国教科文组织的统计资料,全世界人口按 50 亿~60 亿人计算,世界人均水资源量为 8 000~10 000 立方米/人。从人均水资源量来看,中国被列为世界上 13 个贫水国之一。

区人均水资源量低于国际公认的缺水警戒线 1 000 立方米/人，其中北方 9 个省、市、自治区人均水资源不足 500 立方米①，特别是北京、天津仅为 126 立方米/人（详细数据见附表 5.1）。水资源短缺不仅表现在供给的减少，也表现在需求量的增加，年缺水总量约为 400 亿立方米（汪恕诚，2004；Wang，2008）。从供给的减少方面，首先反映在地表水供给的减少和由此引起的河流闭合问题，过去 20 多年，海河、黄河、淮河和辽河的地表径流分别减少了 41%、15%、15% 和 9%，径流的减少使得部分河流从开放向闭合转变（国家发改委等，2007；王金霞，2004）。另外，由于地表水供给的减少，农民开始大规模开采地下水，但地下水的大量开采又导致了地下水位降低、水质恶化等环境问题（Wang，2007）。随着地表水供给的减少和地下水位的下降，部门间用水的竞争程度也在日益加剧。新中国成立初期，我国农业部门的用水比例高达 97%，到 2008 年农业用水比例下降为 62%，非农部门的用水比例上升至 36%，随着工业化、城镇化发展和居民生活用水增加，农业部门用水面临的竞争压力越来越大。②

2.2.3 气候变化、农业生产和反贫困

水利部统计数据表明，受全球气候变化的影响，黄河、淮河、海河和辽河地区地表水资源量比 20 年前减少了 17%，水资源总量减少了 12%，其中海河地区地表水资源量减少 41%，水资源总量减少 25%。③ 已有大量关于气候变化和水资源研究的模型模拟结果显示，未来我国极端气候事件会变得更加频繁，水资源的短缺将会在全国范围内持续加剧（秦大河等，2005；张建云等，2007；气候变化国家评估报告，2007）。到目前为止，尚未见到对于气候变化和贫困的实证研究，只有许吟隆和居辉（2009）通

---

① 按照人均水资源由小到大排列，这 9 个省、市、自治区依次为北京、天津、宁夏、河北、上海、山西、山东、河南和辽宁。
② 中华人民共和国水利部：《中国水资源公报 2008》，http：//www.mwr.gov.cn/zwzc/hygb/szygb/qgszygb/201001/t20100119_ 171051.html。
③ 新华社何雨欣、姚润丰：《全球气候变化使我北方部分流域绝对性水资源短缺》，http：//www.gov.cn/jrzg/2007 -03/22/content_ 558258.htm。

过气候数据并结合文献综述的方式,对我国气候变化影响贫困的相关问题进行了回顾性总结和评述。许吟隆等的研究表明,气候变化将直接或间接加剧贫困,直接影响表现在干旱、洪涝等极端天气事件对贫困家庭家计造成的损失;间接影响则主要是贫困人群易受气候变化威胁,对水资源变化和自然灾害的适应能力弱。

国内外对气候变化的大部分研究主要集中在气候变化对农业生产特别是农作物产量的影响,林而达等运用区域气候情景 PRECIS(Providing Regional Climate for Impacts Study)和 CERES 作物模拟模型(Crop Environment Resource Synthesis),模拟和分析不同温室气体排放情境下的我国粮食生产。结果表明,气候变化将对我国的农业生产产生重大影响,如果不采取任何措施,到 2030 年我国种植业生产能力在总体上可能会下降 5%~10%;到 21 世纪后半期,我国主要农作物,如小麦、水稻和玉米的产量最多可下降 37%,气候变化将严重影响我国长期的粮食安全(林而达,2006;熊伟,2006;熊伟,2010)。由于未来排放情景的不确定、气候变化预测的不确定,以及假设、数据、模拟过程的不确定,导致上述预测结果和未来真实情景相比存在较大差别,无法为农业应对气候变化决策提供可靠依据,解决这一问题的办法是利用农作物投入产出数据和观测到的气候值,实证研究气候变暖对农作物单产的影响。在这方面游良志(You,2009)利用 1979~2000 年我国农作物产量分县面板数据,通过模型回归发现,小麦生长季节气温每升高 1℃,不同地区小麦单产将下降 3%~10%,并且测算出 1979~2000 年,在其他条件不变的情况下,由于气温升高导致我国小麦单产水平总体下降 4.5%。国际上尼科尔斯(Nicholls,1997)在澳大利亚的研究表明,气温每升高 1℃,小麦的单产将增加 30%~50%;彭少兵等(Peng et al.,2004)在菲律宾的研究表明,由于夜晚气温升高导致水稻单产下降;罗贝尔和阿斯纳(Lobell & Asner,2003)的研究发现,在美国生长季节气温每升高 1℃,玉米和大豆单产最多会下降 17%。

个别研究关注气候变化情况下水资源短缺状况和由此导致的农户适应性行为及气候变化对农户家计生活的影响。例如王金霞等(2008)的研究结果表明,到 2030 年海河流域的水资源短缺比例将提高 25%,气候变化将使水资源短缺比例进一步提高 2%~4%,政府层面为了缓解水资源短缺的状况，实施混合水价政策可能是一种最优的策略选择，次优策略为采用农业节水技术；李玉敏等（2009）的研究表明，水资源越短缺，农户就越可能倾向于种植对灌溉依赖程度低、需水量小的作物，尤其是豆类和马铃薯；刘静（2006）利用宁夏农户调查数据研究表明，气候变化对农业生产影响巨大，最贫困的农户在气候变化中所受损失最大，较富裕农户有更大潜力应对气候变化，缺乏金融支持，缺少灌溉设施，缺乏实用种植、养殖技术是农户应对与气候变化相关的自然灾害的主要障碍。

2.2.4 灌溉、农业生产和反贫困

国内外关于灌溉条件改善同农业生产增长和反贫困的研究，有两种不同的观点：一种观点认为灌溉投资对农业生产增长、农民收入提高和反贫困没有什么影响。胡瑞法等（Hu et al.，2000）利用1981~1995年我国稻谷投入产出数据，回归模拟发现灌溉率[①]同稻谷全要素关系在统计上不显著；金松青等（Jin et al.，2002）扩展了胡瑞法的研究，将农作物增加至水稻、小麦和玉米，研究同样发现灌溉投资同主要农作物（水稻、小麦和玉米）全要素生产率增长之间不存在显著关系；朱晶（Zhu，2004）利用1979~1997年我国分县数据研究发现，灌溉对于小麦、玉米单产水平未产生显著影响；王金霞等（Wang et al.，2005）的研究表明，具有节水激励机制的水资源管理制度的改革会导致小麦单产的降低，但不会对玉米和水稻的单产以及农民收入产生显著影响，而且贫困状况也不会因此而恶化；特拉弗斯等（Travers et al.，1994）的研究表明，贫困地区灌溉投资收益低于成本；樊胜根等利用我国1970~1997年的分省数据测算发现，灌溉投资对农业生产增长的影响不明显，即使考虑到"溢出效应"，扶贫效果也很小（樊胜根，2002；樊胜根等，2003；樊胜根等，2005；Fan et al.，2005），这与罗斯格兰特和埃文森（Rosegrant & Evenson，1992）及樊胜根等（1999）在印度研究得出的研究结论一致。

另一种观点认为灌溉条件改善显著促进了农业生产增长、农户收入增

[①] 灌溉率等于有效灌溉面积除以耕地面积的比例，用"%"来表示。

加和贫困减少。从国内看，黄季焜等（Huang et al.，）利用我国6个省1198个农户调查数据研究发现，灌溉投资有助于农业生产发展，可以显著提高农户收入和降低贫困发生（Huang et al.，2005；Huang et al.，2006）；李强等（2006）利用农户小组访谈资料，运用意愿分析方法得出环境脆弱的贫困村农民对灌溉和道路投资的满意度最低，同时对道路、灌溉和饮用水的投资意愿最高；马林靖（2008）利用我国2459个村级调查数据研究发现，灌溉投资明显增加了农户亩均农业收入；易红梅等（2008）利用村级和农户调查数据，分析得出农村村级饮用水设施和灌溉设施的项目实施与当地村民对这两类基础设施的投资需求呈现出高度的正相关关系；刘静等（2008，2010）利用农户调查数据研究表明，灌溉条件改善有助于提高农作物产量和农户收入增加。国际上，侯赛因等（Hossain et al.，2000）研究发现，在菲律宾和孟加拉，灌溉投资能积极促进农户收入增加，缓解贫困；巴塔拉伊等（Bhattarai et al.，2002）研究表明，在越南、印度和斯里兰卡，灌溉提高了农作物复种指数，增加了单位面积耕地农作物产量，从而增加农户收入，降低了贫困发生率；其他一些研究也发现灌溉有助于减少贫困（Dhawan，1988；Roy & Shah，2003）。

文献回顾表明，随着经济增长的扶贫效应下降，扶贫将变得更加困难。供给减少和需求增加造成的我国水资源日益短缺已是不争的事实，气候变化加剧了水资源短缺，水资源短缺又会进一步恶化农业灌溉条件。针对灌溉条件改善同反贫困的研究目前尚无定论，且气候变化同贫困的实证研究非常缺乏，本书将从实证角度回答上述问题。方法是利用我国2000多个县的面板数据和统计年鉴省级数据，运用计量经济模型，定量测算灌溉改善和提高气候变化适应能力的扶贫效果。

2.3 分析框架

实践中很难观察到水资源拥有量同贫困的直接联系，我们不能断言水资源拥有量低则贫困严重，水资源拥有量高则相对富裕，水资源多寡与贫困并无直接联系。例如，2009年甘肃的人均水资源占有量为795立方米/

人，是山东 302 立方米/人的两倍多，而甘肃的贫困发生率为 18.7%，山东的贫困发生率则低于 1%；2009 年贵州的人均水资源占有量为 2 397 立方米/人，远高于山东和河南的 302 立方米/人、348 立方米/人，但无论贫困发生率还是贫困人口，贵州都远高于山东、河南（见表 2-1）。再如，以色列是典型的水资源非常贫乏但是经济非常发达的国家。能够普遍观察到的是灌溉条件越好、水资源利用率越高，则贫困越少。以黄河流域为例，按照世行每人每天 1.25 美元的贫困线标准，经过购买力平价①换算后，灌溉农业区的贫困发生率为 19.4%，远低于雨养农业区的 41.4%（Ringler，2010）。例如，山东、河南 2009 年的灌溉率分别为 65.2% 和 63.5%，远高于甘肃、贵州的 27% 和 22.7%，其贫困发生率和贫困人口均远低于甘肃和贵州（见表 2-1）。说明灌溉条件越好，贫困越少，因此分析水资源短缺同贫困的关系，应该侧重水资源获得能力同贫困的关系。

表 2-1　　　　2009 年相关省份水资源、灌溉、贫困指标

省份	耕地面积（千公顷）	有效灌溉面积（千公顷）	人均水资源（立方米/人）	灌溉率（%）	贫困发生率（%）	贫困人口（万人）
甘肃	4 658.8	1 264.2	794.3	27.1	18.7	>300
贵州	4 485.3	1 016.0	2 397.7	22.7	>5	>300
山东	7 515.3	4 896.9	301.7	65.2	<1	<100
河南	7 926.4	5 033.0	347.6	63.5	1~5	100~300

注：附表 5.1 列出了 2009 年我国所有省市人均水资源排名。
资料来源：笔者依据《中国统计年鉴 2010》、《中国贫困监测报告 2010》数据整理计算得出。

水资源获得能力弱会阻碍农业生产发展和农民收入增加，严重威胁贫困人口的口粮及生计安全，加剧贫困，促使贫困人口无力改善灌溉等基础设施，降低其获得水资源的能力，水资源短缺进一步恶化，形成水资源短缺—阻碍农业生产发展—贫困增加—灌溉等基础设施建设滞后—水资源短缺加剧—贫困进一步恶化的恶性循环。

---

① 购买力平价（Purchasing Power Parity，PPP）在经济学上是一种根据各国不同的价格水平计算出来的货币之间的等值系数，以对各国的国内生产总值进行合理比较。

本书认为,水贫困是指贫困人口由于水资源获得能力弱导致的贫困恶化现象。

对于贫困人口而言,水资源获得能力弱是指当地的农田水利建设不能满足农业生产和农户生活需要。依据国家统计局统计指标解释,所谓有效灌溉面积是指具有一定的水源,地块比较平整,灌溉工程或设备已经配套,在一般年景下,当年能够进行正常灌溉的耕地面积[①],有效灌溉面积是公认的衡量某个地区农田水利建设水平的重要指标。提高贫困人口水资源获得能力,改善灌溉条件,增加有效灌溉面积提高贫困人口水资源获得能力,打破水贫困恶性循环的关键措施和途径。

研究假设1:在水资源短缺情况下,通过改善灌溉条件,提高贫困人口水资源获得能力,有助于减少贫困

基于贫困地区普遍存在的"缺水、缺粮"事实,在不改变其他投入的情况下,如果改善灌溉条件促使粮食产量提高,则意味着贫困农户生计得到改善,扶贫效果显著。因此为了验证上述假设,本书将利用2007年和2008年我国分县粮食生产投入产出面板数据,利用粮食产量方程,量化分析所有样本县和国家扶贫开发工作重点县[②]的灌溉率提高对粮食单产水平的贡献率。

受气候变化影响,近年来极端气候事件发生频次增加、强度增大,不仅损害贫困人口生命财产和生计安全,并且会破坏自然环境和基础设施,给灾后恢复和发展带来严重影响。基于能够观察到的日益增加的干旱、洪涝等极端天气事件对贫困人口生产生活带来的巨大影响和原有的脱贫人口因水旱灾害重新返贫的现实,提高贫困人口对气候变化的适应能力非常重要,具体到农业生产中,则是增加旱涝保收耕地的面积。平均而言,我国每年因水灾、旱灾造成的经济损失占各种自然灾害总损失的比例高达55%

---

① 在一般情况下,有效灌溉面积应等于灌溉工程或设备已经配备,能够进行正常灌溉的水田和水浇地面积之和,它是反映农田水利建设的重要指标。

② 从20世纪80年代中后期,扶贫工作重点开始集中到县,1993年9月,国务院制定、实施国家扶贫计划(又称"国家八七扶贫攻坚计划"),目的是从1994年开始到20世纪末,用7年时间基本解决当时尚未完全解决温饱的8 000多万人口的温饱问题,确定了592个国家扶贫工作重点县,覆盖了当时73%的贫困人口。本书附录1给出全国扶贫重点县全国分布图,附录2列出了这些县的名称。

（国家防汛抗旱总指挥部办公室，2006），提高旱涝保收耕地面积，是增强贫困人口适应气候变化，减少和缓解气候变化导致贫困加剧的有效途径。

研究假设2：在气候变化背景下，通过增加旱涝保收耕地面积，提高贫困人口适应气候变化能力，有助于减少贫困

同第一个假设验证的过程类似，同样利用分县数据量化分析旱涝保收率提高对粮食单产水平的贡献率。此外，我们还将利用2009年分省数据，从统计描述角度分析干旱造成的农作物受灾情况、饮水困难等。

2.4 描述性统计分析

2.4.1 贫困基本情况

无论从贫困发生面还是贫困程度看，我国贫困人口绝大多数在农村。世界银行利用中国国家统计局农村和城镇住户抽样调查数据及1天1美元贫困线估计，城镇贫困发生率无论按收入还是消费估计，在1990~2004年间都没有超过1%，而农村1990年的贫困发生率按收入指标估计为31%，按消费支出估计则高达44%；2004年的收入贫困发生率为9.5%，消费贫困发生率为17.9%（World Bank，2003；World Bank，2005；汪三贵，2008；World Bank，2009）。

从贫困人口数量看，依据官方公布的人均年收入1196元的农村扶贫新标准[①]，2009年农村贫困人口为3597万，贫困发生率为3.8%，占农村总人口的5%；分区域看，东部、中部、西部贫困人口分别是173万、1052万和2372万，其中西部地区贫困人口占我国全部农村贫困人口的2/3，贫困发生率为8.3%，远高于东部地区的0.5%和中部地区的3.3%；分地势

---

① 中国贫困标准过低一直受到国内外各界的质疑，2008年政府将农村扶贫标准由原来的每人每年785元提高到每人每年1196元，这一数值不足2009年全国人均GDP的5%和农民人均纯收入的1/4，新的扶贫标准与同等发展水平的国家相比仍然偏低，仅相当于世界银行1.25美元贫困线的40%，按照世行贫困线标准，中国贫困人口为1.5亿人（《中国人权事业发展报告No.1（2011）》；《中国农村贫困监测报告2010》）。

看，贫困人口在平原、丘陵、山区的比重分别是 23.5%、23.6% 和 52.9%（中国农村贫困监测报告，2010）。从收入水平看，2009 年贫困农户人均纯收入为 983 元，仅为全国平均水平的 19.1%；从收入构成看，贫困农户家庭收入来源结构单一，主要依赖农业生产，种植业收入仍然是贫困农户家庭收入的主要来源，占纯收入比例高达 46.9%，比全国平均水平高 17.8 个百分点中国农村贫困监测报告 2010）。

按照 2009 年的贫困标准，592 个国家扶贫开发工作重点县（以下简称"扶贫重点县"）的农村贫困人口为 2 175 万人，占全国农村贫困人口的 60.5%，贫困发生率 10.7，是全国平均水平的 2.8 倍。2002～2009 年，和全国平均水平相比，扶贫重点县贫困人口减少速度较慢，扶贫重点县贫困人口占全国农村贫困人口的比重从 2002 年的 55.9% 提高到 2009 年的 60.5%（中国农村贫困监测报告，2010）。

2.4.2 干旱和贫困

我国是世界上典型的季风气候国家，季风气候的不稳定导致水旱灾害频发，气候变化进一步加剧了干旱灾害发生频率。我国是世界上人口最多的农业大国，干旱灾害发生频率的增加，严重危害农业生产和农民生活。1950～1980 年，全国农作物因旱年均受灾成灾[①]面积分别为 1 879 万公顷和 673 万公顷，年均粮食损失 1 610 万吨；1981～2009 年上述指标分别增加至 2 481 万公顷、1 272 万公顷和 2 530 万吨，其中 1981～2009 年农作物成灾面积几乎是 1950～1980 年的 1 倍；1990～2009 年因旱饮水困难人口[②]年均 2 746 万人，同一时期年均农作物绝收面积[③]为 274 万公顷（见表 2 - 2）。

---

① 作物受旱面积是指由于降水少，河川径流及其他水源短缺，发生干旱，作物正常生长受到影响的面积，同一块耕地多季作物受旱，只计一次；作物受灾面积是指在受旱面积中造成作物产量比正常年产量减产一成以上的面积，同一块耕地多季受灾，只计一次；作物成灾面积是指因旱造成作物产量比正常年减产三成以上（含三成）的面积。

② 因旱饮水困难是指因干旱造成临时性的人、畜饮用水困难。属于常年饮水困难的不列入此范围。

③ 作物绝收面积指因旱造成作物产量比正常年减产八成以上（含八成）的面积。

表 2-2　　　　　　　1950~2009 年全国干旱灾情统计

年份	受灾面积（千公顷）	成灾面积（千公顷）	绝收面积（千公顷）	粮食损失（亿公斤）	饮水困难人口（万人）	饮水困难牲畜（万头）
1950~1980	18 790.97	6 731.26		75.16		
1981~2009	24 805.28	12 716.38	2 739.55	252.88	2 745.76	2 139.14
1990~2009	24 992.11	13 182.10	2 755.36	277.85	2 745.76	2 139.14
1950~2009	21 697.89	9 624.07	2 739.55	161.06	2 745.76	2 139.14

资料来源：笔者根据《中国水旱灾害公报 2009》中 1950~2009 年中国干旱灾情数据计算得出，详细数据见本书附表 3-2。

我国贫困人口绝大多数生活在农村，依赖种植业维持生计。国家统计局在 2009 年对 2 341 个贫困村的抽样调查结果显示，贫困村遭受严重自然灾害的概率是其他地区的 5 倍，干旱、洪涝等自然灾害的频发给贫困人口带来的危害更大，严重影响其生计安全（中国农村贫困监测报告，2010）。2009 年各类自然灾害（旱灾、水灾、病虫害、冷冻灾害、干热风灾、动物疫情、泥石流或山体滑坡、地震等）中，干旱是最主要的自然灾害，比例高达 70.8%，给贫困人口生计带来的威胁最大。

依据《中国统计年鉴 2010》和《中国气象灾害年鉴 2010》提供的数据（具体见附表 4-1）可以看出，2009 年黑龙江、内蒙古、吉林、辽宁等省份受旱灾影响最严重，面积超过 200 万公顷，同《气候变化国家评估报告》得出的气候变化造成东北三省和内蒙古等北方地区干旱将加剧的结论一致。2009 年，全国共有 10 个省份农作物旱灾受灾面积超过 100 万公顷，这 10 个省份的扶贫重点县共有 282 个，占全部扶贫重点县的 48%。尤其值得关注的是，甘肃在所有贫困发生率超过 5% 的贫困地区中受灾最严重，受灾面积达到 154 万公顷，占农作物总播种比例的 39% 以上，或许这也是 2009 年甘肃贫困发生率最高的原因之一[①]。进一步考察受灾面积占农作物播种面积比例，可以更明显地看出干旱同贫困的相互关联。2009 年

---

① 2009 年甘肃贫困发生率最高为 18.7%，是全国平均水平 3.8% 的两倍多，由于缺乏实证研究结果尚不能断言气候变化是造成甘肃贫困发生率高的主要原因。

贫困发生率超过5%的7个省市中①，除青海外，其余6个省市的受灾面积比例均高于10%。

饮用水直接关系贫困人口最宝贵的人力资本健康，如果无法获得充足的饮用水，将会使身体状况恶化造成农户收入能力下降，长期看会造成饮用水缺乏—身体状况恶化—加深贫困的恶性循环。同全国水平相比，扶贫重点县贫困人口面临的饮水困难问题更严重。

由于目前尚无《中国气象灾害年鉴2011》，本书只统计了2009年的干旱数据，无法获得2010年的干旱具体数据。如果考虑到2009年秋季持续至2010年春季的西南五省干旱②，依据中国扶贫基金会调研报告显示，西南干旱造成直接经济损失352亿元，受灾人口超过5 826万人，218万人因灾返贫③。

2.4.3 粮食单产、灌溉率、旱涝保收率

本书共收集到全国2 387个县级区划单位（包括585个扶贫重点县）粮食单产、灌溉率、旱涝保收率等农业生产投入产出数据，这些数据均来自《中国县（市）农业统计资料（2008）》，通过对这些数据的分析，可以得出如下结论。

一是贫困县粮食单产明显低于全国平均水平。大部分贫困县粮食单产水平都在1 500千克/公顷到3 500千克/公顷之间，与此相对，全国大部分县的粮食单产水平都在3 500千克/公顷和7 500千克/公顷之间。全国约有38%的县粮食单产在5 500千克/公顷到7 500千克/公顷之间，重点贫困县中只有18%；与此相对，有33%的重点贫困县粮食单产水平在1 500千克/公顷以下，全国只有13%的县处于这一水平。

二是贫困县灌溉率明显低于全国，大部分贫困县的灌溉率低于20%，

---

① 依据《中国农村贫困监测报告2010》数据，贵州、云南、西藏、陕西、甘肃、青海、新疆7个省市贫困发生率均超过5%。
② 包括云南、广西、贵州、四川、重庆，旱情持续5个多月。
③ 搜狐新闻：《西南5省区市因旱返贫达218万人 损失超351.86亿》，http：//news.sohu.com/20100521/n272247152.shtml。

全国大部分县的灌溉率则在20%~60%。重点贫困县中有约35%的县灌溉率低于20%，全国这一数值为26%，贫困县比全国水平高产9个百分点；全国有约27%的县灌溉率超过80%，贫困县只有17%的县灌溉率超过80%。这从一个侧面说明，同全国平均水平相比，贫困县农田水利基础设施薄弱，需要加强投入。

三是和有效灌溉率相比，我国耕地旱涝保收率较低，说明我国农业生产抵御自然灾害能力不足。低于20%旱涝保收率的区域面积很大，其中贫困县旱涝保收率水平明显低于全国水平。约有52%的贫困县旱涝保收率低于20%，全国这一数值为41%，贫困县高出全国水平11个百分点；全国有24%的县旱涝保收率高于60%，贫困县只有13%，低于全国9个百分点。

四是粮食单产同灌溉率呈明显正相关，单产水平越高，地区灌溉率越高。贫困县由于其灌溉率低，相应单产水平也较低，北方地区这种趋势更明显。例如，内蒙古、甘肃、宁夏其粮食单产水平高于7 500公顷/千克的地区，灌溉率基本都高于80%，灌溉率水平低于20%的地区，其粮食单产水平绝大部分低于3 500千克/公顷。旱涝保收率同粮食单产也存在类似较明显的正相关关系，大部分粮食单产水平高于5 500公顷/千克的地区，其旱涝保收率也高于60%。

同全国相比，贫困地区农业生产更加依赖自然降水，对水资源变化和自然灾害的适应力更脆弱，气候变化与极端天气事件对贫困人口影响更大。实证模型部分将估算灌溉率和旱涝保收率对粮食单产的贡献率，通过统计分析中我们观察到的粮食单产同灌溉率及旱涝保收率的正向联系，可以预计贡献率的系数均为正。

2.5 实证模型及结果

2.5.1 模型设定

为了验证我们提出的两个研究假设，本书采用柯布—道格拉斯（Cobb -

Douglas）形式生产函数，具体形式如下：

$$\ln Yield_{it} = \alpha_0 + \sum_j \beta_j \ln X_{it} + \chi Irri_{it} + \delta Seirri_{it} + \varepsilon_{it}$$

式中，i 代表样本县，t 代表时间（2007 年和 2008 年），j 代表劳动、化肥、农药、机械等常规投入。

被解释变量 $\ln Yield_{it}$ 表示第 i 个县第 t 个年份粮食单产自然对数（公斤/公顷）。解释变量 X_{it} 代表第 i 个县第 t 个年份每公顷粮食包括劳动、化肥、农药、机械等常规投入的对数，系数 β_j 数值是第 j 个常规投入对粮食单产的贡献率；$Irri_{it}$ 代表第 i 个县第 t 年灌溉率，系数 χ 数值是灌溉率对粮食单产的贡献率；$Seirri_{it}$ 代表第 i 个县第 t 年旱涝保收率，系数 δ 数值是旱涝保收率对粮食单产的贡献率；α_0 是常数项，ε_{it} 是残差项。我们最关心的是系数 χ 和 δ 的数值。

模型数据来源于 2007 年和 2008 年全国分县粮食单产面板数据，经过整理后，粮食单产和灌溉率有效样本县为 2 008 个，其中贫困县 377 个；旱涝保收率和粮食单产有效样本县为 1 825 个，其中贫困县 340 个。

研究共采用 4 个方程判定粮食单产和灌溉率、旱涝保收率的关系，设计 4 个方程的目的是为了检验灌溉率、旱涝保收率对全国和贫困县粮食单产贡献率的差异。方程 1 用全国所有县粮食单产、投入和灌溉率；方程 2 用扶贫重点县粮食单产、投入和灌溉率；方程 3 用全国所有县粮食单产、投入和旱涝保收率；方程 4 用扶贫重点县的粮食、投入和旱涝保收率。

图 2-1 是粮食单产和主要投入的散点分布情况，纵轴为粮食单产，横轴为劳动、化肥、农药、机械等投入，该散点图呈明显左偏特征，不符合普通最小二乘（OLS）回归所要求的正态分布。在这种情况下，需要进行分位数回归（Quantile Regression），分位数回归是当自变量对因变量的分布出现左偏或右偏的情况时，能更加全面的刻画分布的特征，从而得到全面的估计，并且分位数回归系数估计比 OLS 回归系数估计更稳健（Koenker & Bassett，1978）。为了考察灌溉率和旱涝保收率对不同粮食单产水平县的贡献率是否存在差异，我们分别进行了最低（10% 和 25%）、中位数（50%）、最高单产（75% 和 90%）的回归。

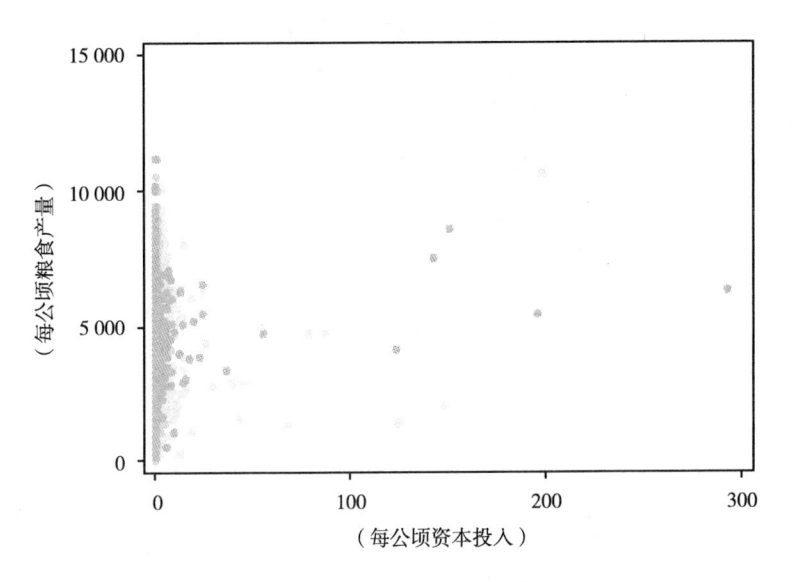

图 2-1 模型变量散点分布

资料来源：笔者依据《中国县（市）农业统计资料》2007 年、2008 年数据整理得出。

2.5.2 模型结果

表 2-3 汇报了不同分位数回归的模型结果。模型中被解释变量 lnY 是样本县每公顷粮食产量（千克/公顷）的自然对数。解释变量包括两个大的部分，一是常规投入，主要有劳动投入 $lnperagrlabor$，数值为样本县每公顷粮食生产投入人工（人·天/公顷）的自然对数；机械投入 $lnperagmach$，数值为样本县每公顷粮食生产消耗的机械动力（千瓦特/公顷）的自然对数；化肥投入 $lnperfer$，数值为样本县每公顷粮食生产施用的化肥（千克/公顷）的自然对数，农药投入 $lnperpest$，数值为样本县每公顷粮食施用的农药（千克/公顷）的自然对数。二是我们最为关注的灌溉率 $Irri$，数值为样本县有效灌溉耕地面积除以耕地面积的比例（%）和旱涝保收率 $Seirri$，数值为样本县旱涝保收耕地面积除以耕地面积的比例（%）。

表2-3 县级灌溉条件改善和提高气候变化适应能力对粮食单产贡献回归结果

解释变量	分位数	被解释变量：LnY（各县粮食单产的对数）			
		全国灌溉率 方程1	贫困县灌溉率 方程2	全国旱涝保收率 方程3	贫困县旱涝保收率 方程4
Irri	0.1	0.0558**	0.607***		
		(0.0255)	(0.1449)		
	0.25	0.0552***	0.600***		
		(0.0133)	(0.0593)		
	0.5	0.115***	0.594***		
		(0.0055)	(0.0325)		
	0.75	0.136***	0.452***		
		(0.0039)	(0.0305)		
	0.9	0.0903***	0.387***		
		(0.0038)	(0.0392)		
Seirri	0.1			0.0791**	0.940***
				(0.0391)	(0.1342)
	0.25			0.113***	0.782***
				(0.0178)	(0.0924)
	0.5			0.191***	0.735***
				(0.0056)	(0.0548)
	0.75			0.180***	0.569***
				(0.0045)	(0.0392)
	0.9			0.116***	0.476***
				(0.0044)	(0.0712)
Inperagrlabor	0.1	0.402***	0.265***	0.372***	0.217***
		(0.0225)	(0.0554)	(0.0213)	(0.0585)
	0.25	0.0416***	0.134***	0.0288***	0.104***
		(0.0089)	(0.0297)	(0.0089)	(0.0373)
	0.5	-0.0212***	0.0383***	-0.0217***	0.0699***
		(0.0055)	(0.0180)	(0.0045)	(0.0204)
	0.75	-0.0320***	-0.00363	-0.0213***	-0.0111
		(0.0047)	(0.0176)	(0.0043)	(0.0152)
	0.9	-0.0203***	0.0239	-0.00575	0.0369
		(0.0053)	(0.0219)	(0.0047)	(0.0287)

续表

解释变量	分位数	被解释变量：LnY（各县粮食单产的对数）			
		全国灌溉率 方程1	贫困县灌溉率 方程2	全国旱涝保收率 方程3	贫困县旱涝保收率 方程4
lnperagmach	0.1	0.0841*** (0.0115)	−0.0564*** (0.0190)	0.104*** (0.0131)	−0.0673*** (0.0225)
	0.25	0.0595*** (0.0050)	−0.0369*** (0.0110)	0.0791*** (0.0058)	−0.0287** (0.0136)
	0.5	0.0318*** (0.0036)	−0.0116 (0.0073)	0.0338*** (0.0031)	−0.00559 (0.0086)
	0.75	0.0152*** (0.0041)	−0.0101 (0.0078)	0.0187*** (0.0040)	−0.000999 (0.0070)
	0.9	0.0114** (0.0052)	−0.0157 (0.0101)	0.0162*** (0.0053)	−0.0241* (0.0138)
lnperfer	0.1	0.289*** (0.0333)	0.157*** (0.0408)	0.334*** (0.0339)	0.202*** (0.0523)
	0.25	0.194*** (0.0119)	0.139*** (0.0216)	0.197*** (0.0129)	0.179*** (0.0298)
	0.5	0.133*** (0.0060)	0.113*** (0.0148)	0.131*** (0.0052)	0.155*** (0.0176)
	0.75	0.126*** (0.0060)	0.108*** (0.0143)	0.114*** (0.0058)	0.114*** (0.0133)
	0.9	0.100*** (0.0085)	0.0972*** (0.0171)	0.0964*** (0.0084)	0.105*** (0.0276)
lnperpest	0.1	0.00501 (0.0164)	0.0504** (0.0231)	−0.000859 (0.0166)	0.0151 (0.0285)
	0.25	0.0674*** (0.0080)	0.0398*** (0.0132)	0.0606*** (0.0087)	0.0211 (0.0195)
	0.5	0.0544*** (0.0041)	0.0231*** (0.0084)	0.0558*** (0.0035)	0.0185* (0.0102)
	0.75	0.0283*** (0.0041)	0.0286*** (0.0079)	0.0499*** (0.0038)	0.0356*** (0.0073)
	0.9	0.0121** (0.0055)	−0.00135 (0.0090)	0.0380*** (0.0051)	0.0209* (0.0126)

续表

解释变量		被解释变量：LnY（各县粮食单产的对数）			
		全国灌溉率	贫困县灌溉率	全国旱涝保收率	贫困县旱涝保收率
	分位数	方程1	方程2	方程3	方程4
常数项	0.1	5.847***	6.555***	5.601***	6.394***
		(0.1825)	(0.2164)	(0.1872)	(0.2976)
	0.25	6.965***	6.985***	6.921***	6.854***
		(0.0612)	(0.1143)	(0.0661)	(0.1585)
	0.5	7.596***	7.413***	7.570***	7.185***
		(0.0292)	(0.0744)	(0.0251)	(0.0893)
	0.75	7.848***	7.703***	7.840***	7.656***
		(0.0281)	(0.0726)	(0.0271)	(0.0672)
	0.9	8.178***	7.944***	8.110***	7.882***
		(0.0390)	(0.0845)	(0.0386)	(0.1363)
观察值		4 016	754	3 650	680

注：*、**、***分别代表在10%、5%和1%水平下显著；括号中为数值标准差。计量软件：Stata 12。

1. 粮食单产水平最低的10%的县

在其他投入要素不变前提下，灌溉率每增加1个百分点，全国粮食单产会提高0.056%，贫困县提高0.607%，贫困县灌溉率的贡献是全国水平的10.88倍；旱涝保收率每增加1个百分点，全国粮食单产会提高0.079%，贫困县会提高0.94%，贫困县是全国水平的11.88倍；同样提高1个百分点，全国旱涝保收率对单产的贡献比灌溉率高0.023%，贫困县为0.333%，贫困县是全国水平的14.5倍。

2. 粮食单产水平最低的25%的县

在其他投入要素不变前提下，灌溉率每增加1个百分点，粮食单产会提高0.055%，贫困县提高0.6%，贫困县是全国水平的10.9倍；旱涝保收率每增加1个百分点，全国粮食单产会提高0.113%，贫困县会提高0.782%，贫困县是全国水平的6.92倍；同样提高1个百分点，全国旱涝保收率的贡献率比灌溉率高0.058%，贫困县为0.182%，贫困县是全国水平的3.14倍。

3. 粮食单产水平位于中位数的县

在其他投入要素不变前提下，灌溉率每增加 1 个百分点，全国粮食单产会提高 0.115%，贫困县提高 0.594%，贫困县灌溉率的贡献是全国水平的 5.17 倍；旱涝保收率每增加 1 个百分点，全国粮食单产会提高 0.191%，贫困县会提高 0.735%，贫困县是全国水平的 3.85 倍；同样提高 1 个百分点，全国旱涝保收率对单产的贡献比灌溉率高 0.076%，贫困县为 0.141%，贫困县是全国水平的 2 倍。

4. 粮食单产水平最高的 75% 的县

在其他投入要素不变前提下，灌溉率每增加 1 个百分点，全国粮食单产会提高 0.136%，贫困县提高 0.452%，贫困县灌溉率的贡献是全国水平的 3.32 倍；旱涝保收率每增加 1 个百分点，全国粮食单产会提高 0.18%，贫困县会提高 0.569%，贫困县是全国水平的 3.16 倍；同样提高 1 个百分点，全国旱涝保收率对单产的贡献比灌溉率高 0.044%，贫困县为 0.117%，贫困县是全国水平的 2.66 倍。

5. 粮食单产水平最高的 10% 的县

在其他投入要素不变前提下，灌溉率每增加 1 个百分点，全国粮食单产会提高 0.0903%，贫困县提高 0.387%，贫困县灌溉率的贡献是全国水平的 4.29 倍；旱涝保收率每增加 1 个百分点，全国粮食单产会提高 0.116%，贫困县会提高 0.476%，贫困县是全国水平的 4.1 倍；同样提高 1 个百分点，全国旱涝保收率对单产的贡献比灌溉率高 0.026%，贫困县为 0.089%，贫困县是全国水平的 3.46 倍。

2.6　结论及政策建议

2.6.1　结论

本章基于 2007 年、2008 年的分县数据，采用柯布—道格拉斯生产函数估计并测算了灌溉率和旱涝保收率对全国及贫困地区粮食生产的影响，主要研究结论如下。

第一，在其他投入要素不变情况下，在所有分位数回归中，贫困地区灌溉率和旱涝保收率对粮食单产的贡献系数均高于全国水平且在1%的水平上正向显著。这和描述统计分析中得到的结果完全一致，表明贫困地区灌溉条件的改善和提高应对气候变化适应能力对粮食单产提高及扶贫均有显著正向推动作用，今后应改善灌溉条件，增加旱涝保收耕地面积，提高贫困人口水资源获得能力和适应气候变化能力。

第二，最低粮食单产组（单产水平最低的10%的地区），改善灌溉条件，增加灌溉面积和旱涝保收面积的扶贫效果最显著，同时粮食单产增加最明显。增加1个百分点的灌溉率和旱涝保收率，最低粮食单产10%的贫困地区单产增产幅度分别约为全国的11倍和12倍。这些地区是我国极端贫困人口的集中地区，自然条件最恶劣，灌溉等基础设施非常薄弱，自然灾害频发导致这些最贫困人口的基本生活与生产条件遭到破坏，存在基本生存权利被剥夺的贫困现象。

第三，为应对气候变化，最贫困地区提高旱涝保收率效果最显著。最低的10%的产量组贫困县提高1个百分点，旱涝保收率对单产的贡献比灌溉率高0.333%，全国这一数值为0.023%，贫困县是全国的14.5倍，同时也表明该地区受气候变化影响最严重。

第四，同全国水平相比，贫困地区灌溉条件和应对气候变化适应能力改善带来的效果更显著。粮食单产水平最低（10%和25%）、中位数（50%）、最高单产（75%和90%组），在其他投入要素不变情况下，增加1个百分点的灌溉率对粮食单产提高的贡献率，贫困县分别是全国水平的10.88倍、10.9倍、5.17倍、3.32倍和4.29倍；同样，在其他投入要素不变情况下，增加1个单位的旱涝保收率对粮食单产的贡献率，贫困县分别是全国水平的11.88倍、6.92倍、3.85倍、3.16倍和4.1倍。

第五，不论全国还是贫困地区，旱涝保收率对粮食单产提高的贡献率均大于灌溉率，而且贫困地区旱涝保收率提高带来的效果更明显，这和统计描述分析中得出的结论一致。粮食单产水平最低（10%和25%）、中位数（50%）、最高单产（75%和90%组），在其他投入要素不变情况下，同样提高1个百分点，全国旱涝保收率对单产的贡献比灌溉率分别高出 0.023%、0.058%、0.076%、0.044%和0.026%，贫困县的这一指标相应为0.333%、0.182%、0.141%、0.117%和0.089%，贫困县分别是全国水平的14.5倍、3.14倍、2倍、2.66倍和3.46倍。

第六，不同单产水平情况下，改善灌溉条件和增加旱涝保收耕地，对粮食单产及扶贫的边际影响存在很大差异。单产水平越低的组，灌溉率和旱涝保收率的提高对粮食贡献率越高；单产水平越高的组，灌溉率和旱涝保收率对单产的贡献系数越小。表明单产水平低的地区灌溉设施严重不足，灌溉投资的边际报酬很高，今后应该加大对这些地区的灌溉投资；单产水平高于50%的组已经建成大规模灌溉设施，耕地灌溉率较高，进一步增加灌溉投资的边际回报率可能会越来越小，今后的灌溉投资应该着眼于改革灌溉管理制度，提高现有公共灌溉系统的使用效率。这同樊胜根（2002）公共投资优先序中得出的研究结果一致。

第七，单产水平低于25%的组，劳动力投入对单产水平贡献系数明显高于单产水平较高的组，劳动力投入变量在一定程度上代表了农户粮食作物种植管理技能，在其他投入要素不变情况下，对低产量水平组的农户提供实用且容易掌握的农作物种植技术，能够有效提高粮食单产水平。

2.6.2 政策建议

本章的研究结果对于从扶贫角度确定未来不同地区灌溉投资优先序具有重要政策含义。本章发现，不同（模型中表现为不同粮食单产水平组）灌溉率和旱涝保收率的贡献系数差异较大，重新合理配置灌溉投资资源还有潜力可挖，现提出以下建议供参考。

1. 应加强甘肃、贵州等极端贫困人口集中地区的灌溉基础设施投资

本章的研究结果显示，改善我国极端贫困人口集中地区灌溉条件、增加灌溉面积和旱涝保收面积的扶贫效果最显著。甘肃、贵州是我国贫困人口最集中、灌溉基础设施最薄弱、受气候变化影响最严重地区。具体来看，附表 5.2 数据表明，甘肃 2009 年灌溉率为 27.14%，位居各省市灌溉率倒数第三，低于全国平均水平近 22 个百分点（全国为 48.7%）；同时甘肃是我国最贫穷的省份之一，2009 年贫困发生率在各个省市最高，贫困人口超过 400 万，农业生产和农民生活长期面临干旱缺雨、水资源短缺困扰，贫困人口受气候变化影响最严重。2009 年，贵州在全国各省市中灌溉率最低（22.65%）、贫困人口最多（超过 500 万），不足全国平均水平的一半；同时贵州是我国石漠化面积最大、程度最深、危害最重的省份，石漠化致使水土流失严重，干旱等极端天气事件造成贵州等西南石山区饮水困难，威胁贫困人口生计安全。通过改善甘肃、贵州的灌溉条件，提高贫困人口应对气候变化的能力，提高粮食单产，免于其基本生存权利被剥夺。

2. 灌溉设施比较好的地区应进行灌溉管理转权改革

本章的研究结果显示，对于灌溉条件相对较好的地区，更重要的是进行灌溉管理转权改革，提高水资源利用效率。理论界认为灌溉管理转权是分权改革的过程，通过农户或用水户的参与，重新有效地分配各种利益集团的责任权利。灌溉管理转权的一个重要理论假设是地方用户能比中央资助的政府机构更有动力，使灌溉水资源管理更有效率和持续性。通过农户合作机制引入用水户协会等合作模式，政府适当补贴，帮助其自立发展，最终促使农户参与农田水利基础设施的建设，创造良好的基础设施投资、建设、应用和维护机制。建立"自下而上"的农户需求表达机制，保证农户的声音在农田水利基础设施建设中得到体现，以农户的需求作为建设项目选择决策的依据，提高农民的组织化程度，降低交易成本，增加农民参与灌溉项目管理的相关监督机制。

3. 增加单产水平较低地区的灌溉投资和农户培训

从扶贫角度考虑，单产水平较低的地区灌溉设施严重不足，今后应该加大这些地区的灌溉投资。此外，对低产量水平组的农户提供实用且容易掌握的农作物种植技术，可以有效提高粮食单产水平，扶贫效果明显。

2.7 不足和未来研究方向

2.7.1 研究存在的不足

研究的不足主要是数据获得困难,从而对研究结果正确性有一定影响,具体表现在以下三个方面。

第一,分析水、气候变化和反贫困时,农户层面的家计调查数据是反映三者关系最好的数据,由于无法获得农户层面的数据,本书用县级层面数据进行替代,对于县级的数据,无法从人均纯收入①角度直接建立贫困同水和气候变化的联系,本书只能从粮食产量同水、气候变化关系入手。

第二,影响粮食产量的主要因素有土地质量、劳动、化肥、农业、机械、作物品种、种植模式、灌溉水平、降雨和温度等。由于无法获得土地质量、作物品种、种植模式、降雨和温度等的数据,本书没有对上述因素进行控制。

第三,官方出版的统计数据中没有各个省市贫困人口和贫困发生率的确切数值,这给有效瞄准贫困地区和贫困人口带来困难,只能用国家扶贫重点县代表贫困地区。依据2009年的数据,扶贫重点县的贫困人口占全部贫困人口的60.5%,因而实证研究中没有包括剩余的39.5%的贫困人口和贫困地区特征,这对研究结果也会有一定影响。

2.7.2 未来研究方向

为了使本书生产函数系数估计更精确,可以采取两种方法。一是增加面板数据时间序列数据。当时间序列增加后,我们可以加入时间哑元变量,而时间哑元变量可以很好地表征作物品种、种植模式等技术因素。但

---

① 虽然人均纯收入无法全面反映贫困状况,但在没有找到更好的可观测指标之前,它仍是衡量贫困最有效的指标。

是我们只有两年的数据，因而造成模型系数估计的误差，后续研究中将继续收集2000~2006年的分县数据，扩展面板数据。二是选择有代表性的地区进行村级、农户级实地调查，收集问卷，获取灌溉条件、旱涝保收条件同粮食生产之间的数据，进行回归分析，对原来模型进行校验。

　　气候变化、水资源和贫困之间的关系相当复杂。为了进一步深入了解气候变化、水资源和贫困之间的关系，以及各种适应性措施的有效性和可行性，迫切需要开展大量的实地调查。通过村级和农户调查，了解农村社区的灌溉条件、灌溉投资强度、农户生产经营收入状况、农户灌溉投资需求意愿、对灌溉投资满意度以及农户适应气候变化面临的困难和障碍，为今后改善农村基层社区灌溉条件提供决策参考。

第3章

气候变化与灌溉水资源节约利用

经典的农业生产函数中,水资源假定是外生给定且无限供给的,进入生产函数的只是土地、劳动力和资本,尤其是土地的产权安排决定着整个农业生产制度的选择。在这样的基础上,经济学家就认为土地制度是传统农业制度的决定性因素;在制度经济学家的眼里,土地的产权安排决定了农业生产的形式,进而规定了整个社会制度的形式。

但是,对于干旱地区的农业生产来讲,水资源是决定农业产量非常重要的一种要素,而且几乎是最为重要的一种要素。不可避免地,这种变化将会深深影响到农业的生产函数,进而影响到农业制度安排,并且最终影响农村的社会制度形式。如果水资源成为农业生产中最为稀缺的要素,农户将会采取何种措施应对水资源短缺?政府的介入能否促进农户积极采纳节水技术?农户采纳节水技术的决定性因素是什么?

理论上讲,如果私有的水资源是稀缺的,那么其所有者可以拿这种资源作为农业生产的投入——灌溉附着于土地上,并且以此获得相应的租金。中国的西北地区土地较为充裕,但是水资源很稀缺,为节水灌溉发展提供了条件。为了集中探讨节水灌溉的农业制度安排,我们选择了水资源极度稀缺的一个地区——新疆北部地区,作为我们分析的起点。

新疆膜下滴灌推广应用为上述问题提供了答案。作为西北水资源节约利用的一种特殊方式,节水灌溉在西北的农业生产中起着重要作用,影响整个农业生产采取的形式。随着经济的发展、技术的进步和政府力量的介入,膜下滴灌技术也发生了和正在发生着种种变化。本书通过农户调查对调查地区(新疆)农业节水灌溉推广应用情况进行分析,探讨在目前制度环境和市场发育条件下推广节水灌溉技术变革的经济途径，从而为政府制定节水灌溉技术推广政策和相关研究提供理论依据。

3.1 新疆番茄膜下滴灌技术概述

3.1.1 新疆番茄产业发展现状

新疆日照充足，干燥少雨，昼夜温差大，环境污染程度低，种植的番茄果实中番茄红素含量高，是全世界最好的番茄产地。自 1978 年新疆开始种植番茄，1999 年番茄种植面积大幅度上升，截至 2006 年，我国番茄原料种植面积为 100 万亩，其中新疆加工番茄种植面积达 80 万亩，已成为我国最大的番茄产区，番茄产量占全国产量的 80％以上。

新疆生产的番茄酱番茄红素高、黏度高、固型物高、霉菌低，在国际和国内市场享有盛誉，由此带动新疆番茄制品加工产业迅猛发展。2000~2005 年，新疆番茄加工企业由 16 家增加到 43 家，形成了以新中基实业、中粮屯河和新疆天业三家上市公司为主体的番茄酱加工出口企业群，生产线设计日处理原料能力为 5.5 万吨，产品包括番茄酱、去皮番茄、番茄丁、番茄粉、番茄汁等在内的各种番茄制品。2006 年，新疆主要番茄制品企业加工鲜番茄 383 万吨，占全国总量的近 90％，成为亚洲地区最大的番茄生产加工和出口基地。世界番茄组织近期的报告称，中国已成为继美国、意大利之后的全球番茄产业第三大生产国，中国番茄酱 2006 年出口份额已占到世界贸易量的 30％，其中新疆的出口量占全国总量的近 90％，已超过世界贸易总量的 1/4。番茄产业已成为新疆市场化、国际化、产业化水平最高的产业，为新疆经济发展做出了重要贡献。

在 20 世纪 90 年代末到 2003 年之前，新疆每年有 10 万农民为新疆屯河提供 300 万吨番茄，随着番茄加工企业的发展和番茄生产面积的进一步扩大，种植番茄的农民进一步增加。为了规避市场风险，番茄种植农民倾向于同番茄企业签订合同，采取订单农业形式发展番茄产业。订单农业发展有利于解决"小生产、大市场"的矛盾，有利于促进农业产业化经营，有利于提高农民收入（左孟孝，2002）。调查中，昌吉地区所属的玛纳斯县番茄种植农民在两年前同番茄加工企业签订番茄收购订单，该番茄企业统一提供种子，向村里派技术人员，该企业提供的技术指导具体到从播种到采收的每个环节，在番茄交售时节，规定运输番茄的车辆不能运输别的农产品以及货物，以防原料被污染。

作为新疆番茄加工两大巨头的新中基公司和屯河股份，建立了互相通报生产不合格番茄农户名单的机制，促使农民提高原料安全管理意识。新中基公司还引进世界上最先进的农药残留物检测设备，随时监测农田番茄的农药含量。

3.1.2 节水灌溉对新疆农业生产的影响

新疆距海洋很远，属于典型的干旱、半干旱地区，平均年降水量只有145毫米，是全国平均值的23%（钱智，2006）。历年数据表明，新疆农业生产对灌溉的依赖性极强，农业用水占新疆总用水量的90%以上，其中80%以上靠灌溉完成，水资源在该地区的农业生产乃至社会结构中居于支配性地位（新疆水利厅）。

节水农业的发展目标是提高水资源利用效率，截至2007年元旦，新疆农业节水灌溉工程控制面积超过3000万亩，高效节水技术推广面积达840万亩，居全国之首。新疆农业高效节水技术产品和技术服务已辐射到国内20多个省份和11个国家，膜下滴灌是其中的一种技术。膜下滴灌技术将浇地变为浇作物，按作物的最佳需水量进行灌溉，用少量的水取得较高的效益，从而提高水的利用率。目前，新疆推广膜下滴灌技术已接近200万亩，居全国第一。大田使用该技术后，可较常规灌溉节水50%左右，增加综合经济效益40%以上。

3.1.3 国外滴灌技术效果概述

滴灌是一种最节水的灌水技术，而且有利于作物产量和水分利用率的提高，艾亚尔斯（Ayars et al., 1999）通过美国水管理研究所对番茄、棉花和甜玉米等作物15年地下滴灌的研究数据分析，结果表明地下滴灌可以显著提高作物产量和水分利用率，高频度的滴灌还可以减少深层渗漏量。约翰内斯和塔德塞（Yohannes & Tadesse，1998）的研究结果表明，滴灌番茄的产量和水分利用率均比沟灌高，果实大小和植株高度也有相同趋势。

3.1.4 新疆番茄膜下滴灌采纳综述

美国、以色列应用的滴灌技术不使用地膜，直接用滴灌带滴灌。而新疆采用了膜下滴灌技术，这种技术把地膜栽培技术与滴灌技术结合起来，通过可控管道系统供水，使与肥融合后的灌溉水成滴状，一滴一滴地均匀、定时、定量浸润作物根系发育区域，作物主要根系区的土壤始终保持疏松和最佳含水状态，加之地膜覆盖，大大减少了作物棵间蒸发，水的利用率达到世界先进水平。

膜下滴灌技术最核心的部位是滴灌带，市场销售价格昂贵，以色列的滴灌产品每亩高达2 500元。新疆天业集团率先研发低成本、适合我国农户使用的产品，在实现所有成型设备和工艺技术国产化的基础上，集团将技术创新的着力点放在创立自主知识产权上。天业集团对从德国购买的滴灌带生产设备进行了改造创新，生产的同类产品降到40万元，是国外进价的1/6，车速从国外机每分钟生产12米滴灌带增加到24米，成品率从国外机的92%提高到97%。天业集团已经拥有200条这样的生产线，年生产能力可供应300万亩土地对膜下滴灌产品的需求，现已成为世界上生产规模最大、产品质量达到国际一流水平的滴灌设备和滴灌产品供应商（国务院调研室，2004）。2001年该企业率先解决了回收和再利用废旧滴灌带这个目前美国、以色列等国家尚未解决的难题，使废旧滴灌带的再生率达到97%。在天业集团的带动下，滴灌系统的配套工程及设备，如首部控制枢纽、输水干管、支管、附管、毛管及所有的管道附件，石河子市的企业都能配套生产，形成了生产加工滴灌系列产品的产业群和产业带。

新疆天业集团自行研制开发的滴灌带产品每亩投入约为300元，价格的低廉为滴灌技术的大规模推广应用创造了条件。新疆天业从1998年开始推广大田膜下滴灌技术，集团隶属的番茄制品公司积极走高科技发展"红色番茄"产业之路，2003年率先在番茄大田种植上推广膜下滴灌技术。番茄膜下滴灌是通过一套塑料管道系统将水直接输送到每棵番茄根部，水由每个滴头直接滴在根部上的地表，然后渗入土壤并浸润番茄根系最发达区域的灌溉方法。滴灌系统一般由水源、首部枢纽、各级管网（一般为干、支、附、毛）、滴头（在毛管带上）组成。与地面灌相比，大田番茄膜下滴灌有以下优点：省水；省肥；省农药；省地；省人工和机械；抗盐碱能力强；抑制杂草再生；抗灾能力较强；提高产量；病害发生减少；番茄的脐腐病发生率低；番茄产品产量高、质量好。

上述分析表明，新疆目前以节约灌溉用水、提高用水效益为核心的农田灌溉技术变革所要求的技术条件已经基本具备了。但从节水灌溉推广运用现状看，新疆喷灌和微、滴灌等高效节水灌溉方式仅占有效灌溉面积的20%以下，传统的漫灌方式仍居主导地位。在节水灌溉技术储备相对充足的条件下，各级政府和社区农户等作为节水灌溉技术的供给主体，其供给效率低下的原因是什么？农户作为新技术的最终接受者，为什么对节水灌溉技术的需求表现出较为消极的态度？影响农村灌溉技术推广应用的因素是什么？如何建立促进节水灌溉技术供给的制度激励？从经济学角度对中国农业节水灌溉技术应用中存在的以上问题进行剖析，有利于深入理解在市场经济条件下中国节水灌溉技术推广进程滞缓的原因，从而为中国实行有效的节水灌溉技术推广政策、加快节水灌溉技术变革提供依据。

3.2 农户技术采纳文献综述

根据农业技术的经济学特性，可以将农业技术划分为私人技术、公共技术及准公共技术三类，不同的农业技术具有不同的特性。我国目前面临的情况是：节水灌溉技术这种准公共技术，在供给充足的情况下推广进程滞缓，而其中，农户作为节水灌溉技术的需求主体，其技术选择行为起着至关重要的作用。

3.2.1 有关农户技术选择行为的理论研究

农业技术推广的主要作用是将农业研究成果和建议传达给农民，或是通过有组织的集体行动使农民与农业信息来源之间建立起联系。通常认为，农业技术推广就是农业推广人员开展活动，与农民联系并向他们传授改良的耕作方法、新技术和生产性能更高、更有效的技术或成套技术（R. Haug, 1999）。蒙德尔（Maunder, 1973）在粮农组织的参考手册《农业推广》中对农业推广所下的定义是，"通过教育步骤，在改进耕种方式和技术、提高生产效率和收入、提高生活水平、提高乡村生活中社会和教育标准等方面为农民提供服务与帮助农民的一种体系"。然而，推广从本质上讲是一种技术扩散的过程，是推广机构为引起所假定对象自愿改变行为而进行的一种专门的技术交流过程（Swanson et al., 1989）。罗杰斯（Rogers, 1957）和科克伦（Cochrane, 1958）通过对农业技术扩散传播过程的研究提出了技术踏车模型和新技术扩散周期模型，分别从不同角度揭示农民选择与采用新技术和技术扩散过程的变动规律。

罗杰斯根据生产者对新技术的接受倾向、态度与行为的差别，将技术使用者分为三组：早期采用者、跟随者和落后者，并强调信息、风险及市场供需状况等作用。早期使用者由于其对新技术反应敏感、信息灵通、敢冒风险，并对新技术采用后的预期利润较高的可能性较为认同，因此为追求超额利润敢于率先采用新技术。早期使用者在获得超额利润后，扩大了未采用者的信息度，技术采用开始逐步扩散，并逐渐由跟随者传播到最后的落后者。但随着技术的扩散，增强了新技术产品的供给能力，使其价格下降，同时，新技术的普遍采用也使得采用新技术的生产效益下降，并使得具有较高资源机会成本的早期使用者为使自己所获得的利润不低于平均利润，开始逐步放弃该技术，寻求新的替代技术，这整个过程就形成了新技术采用的周期。

科克伦的技术扩散周期理论更强调和侧重新技术的生产过程是一种学习过程，随着农户对新技术的了解及经验的积累将减少采用风险。技术扩散理论所隐含的前提，一个是农民进行的理性的决策过程；另一个是技术与经济的关系问题。

琼斯（Jones，1993）将技术转移模式（TOT）的发展过程分为三个阶段。第一阶段，20世纪50~60年代，传统的TOT模式，是在试验站开发新的农业技术，而后将其转移给农民。在这个阶段，农民不采纳新技术的原因是他们的需求没有得到重视，采取的对策是通过农业推广来转移技术。第二阶段，70~80年代，改进的TOT模式。由国际水稻研究所、国际小麦、玉米改良中心等机构的科学家针对农民没能成功采纳新技术而发展起来的一种模式。相应的技术发展策略包括多学科专家工作组对农民经营条件下的资源限制因素进行确定，然后在农民的田间展开农地试验来开发新技术。改进的TOT模型称作联动模型，即创新者与技术的使用者之间信息可以进行双向流动。另一种变体是三角模型，信息在主要的研究子系统、推广与利用者之间进行双向流动。然而，这两个模型仍然将每个子系统看作具有独立功能的毫无联系的子系统（Hal Mettrick，1996）。在这个阶段，农民不采纳新技术的原因是农户层次上的限制因素，研究人员通过缓解限制因素使农民采用新技术。第三阶段，80年代后期，农民第一模式。主要针对资源贫乏的农民，研究适合其资源条件的技术。它提供了一套反向的调查和研究战略，研究问题的重点由农民的需求和发展机会决定，而不是由科学家的专业倾向决定。钱伯斯和吉尔德亚设想新技术的产生应是农民的技术认识和科研人员研制的技术知识的合成物。

近几十年来，在全世界范围内，对农业技术推广进行了大量的研究。研究重点也开始将农业科技的研究与开发工作转移到农户的需求方面，并赋予农业推广以"沟通和创新"的新内涵，即把农业推广过程看作是"与农民交流和沟通以及农民采用技术的过程"，是农民认识技术、选择技术，并在技术采用过程中对技术进行应用、调试和改造的过程。这就突出了农民在科技因素进入生产过程中的主动性和选择性，从而改变了以往那种单向的、被动的技术推广的局限性。下面将主要从诱导性技术创新理论方面进行综述。

3.2.2 诱导性技术创新理论

技术变革过程是对资源条件和经济环境的动态反应，技术变革是受经济力量诱导的,不同的资源禀赋状况会诱导生产者做出不同的选择。诱导性技术创新的概念最早是由希克斯(Hicks)提出来的,其理论发展主要有两大分支,一个是 Hicks – Hayami – Ruttan – Binswanger 假说,强调要素的稀缺性;另外一个是 Griliches – Schmookler 假说,强调市场需求。

要素稀缺性诱导的技术创新:希克斯在《工资理论》中首先引入了诱导性技术创新的概念。此后由阿哈迈德(Ahmad, 1966)、速水和拉坦(Hayami & Ruttan, 1970)、宾斯旺格(Binswanger, 1974)不断对该理论进行补充和完善,最终形成诱导性技术创新理论的一个重要分支:Hicks – Hayami – Ruttan – Binswanger 假说。该假说认为,一种要素相对价格的提高,会诱导能节约该要素的技术类型的创新。该假说的核心是:如果没有市场扭曲,要素相对价格将反映要素相对稀缺性的水平与变化,农民会被诱导去寻找能节约日益稀缺的要素。在农业生产中,技术进步集中体现为两种:一是美国式的机械化技术,用于节约相对稀缺并缺乏供给弹性的劳动力资源,通过机械设备的发展,提高人均耕地的使用面积,使人均农产品的产量不断提高,劳动生产率的提高是农业机械化的主要特征,也是农业产出增长的主要来源;二是日本式的生物化学技术,用于节约相对稀缺并缺乏供给弹性的土地资源。土地生产率的提高是生物化学技术的主要特点,也是农业产出增长的主要来源。农业技术诱导理论最早由日本的速水(Hayami, Y.)和美国的拉坦(Ruttan, V.)于 1970 年提出,该理论一经提出,立即被国际上著名的经济学家承认并得到广泛的应用。该模型的基本内涵是,一个国家农业生产的增长受其资源条件的制约,但这种制约可以通过技术变迁来突破。初始资源相对稀缺程度和供给弹性的不同,在要素市场上表现为资源相对价格的差异。相对价格的差异会诱导出节约价格相对昂贵资源的技术变迁,以缓解稀缺的供给和缺乏弹性的资源给农业发展带来的限制。即农业技术产生于诱导,而生产诱导起因于生产要素价格的变动。要素价格变动诱导产生了各种各样不同类型的技术。胡瑞法在前人研究的基础上,总结出了农业技术诱导理论的基本框架,表明不同的农户,随着生产要素的不同变化,产生出不同类型的技术需求;生产要素的禀赋程度是技术创新与选择的主要原因(张锐,1995)。

市场需求诱导的技术创新:诱导技术创新理论的另一重要分支是 Griliches-Schmookler 假说是以市场需求为核心的。格里利谢斯（1957）在研究杂交玉米的推广和使用中，指出市场营利性是一个主要的诱导因素，从而较早提出了农业技术进步的市场需求诱导假说。施莫克勒（1966）在《发明和经济增长》中提出了市场需求诱导的技术进步理论。Griliches-Schmookler 假说认为，在其他情况不变时，对一种商品的新技术的可获得性，是对该商品的市场需求的函数。发明一种新技术的相对利益，取决于适于该技术的商品的价格与市场规模。该假说与普通的认识相反，重要的科学发现和发明并不构成技术发明的主要激励，而对成本问题的解决和营利机会的把握却成为技术发明的关键。

以上两种假说均是在完全市场经济和"理性经济人"的假设前提下成立的，并且这两种假说是互补的、内在统一的。林毅夫（1994）的有关研究对诱导理论做出了发展，他利用中国 29 个省、市、自治区中的 28 个省级时间序列数据，对中国农业在要素市场交换受到限制条件下的技术选择进行了研究。该研究中用拖拉机拥有量和农业经营中拖拉机的使用来代表对节约劳动型技术的需求，用化学肥料的消费水平来代表对节约土地型技术的需求。该研究证明了尽管诱导机制不同，但是在土地和劳动要素市场受到禁止的社会主义经济中，要素稀缺性诱导技术创新假说仍然成立。当然，这个结论成立的关键前提是"人的行为是理性的"。《在改造传统农业》一书中，舒尔茨（Schultz，1964）根据他对危地马拉、印度及其他地区农民行为的观察发现，传统的小农根据长期的生产经验在自然、生产条件不同时，表现出了"理性"行为的差异。该前提不仅适用于现代市场经济，而且也适用于古代传统的以及非市场的经济。同样，中国农民也表现出相应于外部限制条件下的理性行为。农民是利益最大化的生产主体，只要技术投入市场不受限制，即便在价格机制受到制约时，农民仍然会寻求相应的技术发明。

3.2.3 有关农户技术选择的实证研究

农民作为一项新技术的最终接受者和采用者，关系到一项技术能否真正被采用，因此有关农民技术选择和采用的实证研究受到了国内外学者的广泛注意。格里利谢斯（1957，1960）对美国杂交玉米的研究开创了技术采用实证研究的先河，林德纳（Lindner，1987）通过对农户尺度上的技术采用行为进行研究，把目前有关技术采用的实证研究分为两类：第一类是关于"是否采用"以及采用程度的研究，最近有关此类的研究有夏皮罗（Shapiro，1992）、斯梅尔（Smale，1994）、克林巴（Kaliba，1997）、董（Dong，1998）、唐加塔（Tangata，2003）；第二类是有关"何时采用"，以及采用速度的实证研究，即为什么有的农户是新技术的早期采用者而有的农户是新技术的后期采用者，林德纳（1982），菲德尔和斯莱德（Feder & Slade，1984），林德纳和吉布斯（Lindner & Gibbs，1990），沃兹尼亚克（Wozniak，1993），福斯特、罗森—茨威格森（Foster & Rosen-Zweig，1995），以及麦克威廉斯（McWilliams，1998）都做过此类研究。大量的有关技术选择和采用的实证研究表明，以下因素可能会限制农民的技术选择或采用行为，即缺少信贷、信息不完全、风险规避、生产经营规模太小、土地产权不明晰、人力资本匮乏、基础设施不完善、市场不健全（Feder & Ziberman，1985）。

影响农民接受农业技术行为的因素有很多，包括自然环境、经济环境、社会环境，以及农民的文化程度、年龄、性格、职业和经济收入水平等因素（樊启洲、郭犹焕，1999）。此外，还有其他的一些因素，如推广人员的素质、农业技术本身的适用性等。纵观各因素，经济方面的因素对农民行为的影响是最主要的。尤其是在市场经济条件下，农民已经由一个单纯的产品生产者转变成为具有一定自主决策权的独立商品生产者。现从农户的个人特征对农户技术选择的影响、技术诱导因素对农户技术选择的影响、外部环境因素对农户技术选择的影响这三个方面对国内外有关技术选择的文献进行综述。

3.2.4 农户自身特征对农户技术选择行为的影响

农户自身特征主要指农户的年龄、性别、受教育程度、从事农业的经验，这些因素都有可能影响农户的技术选择行为。费德等（Feder et al.，1985）认为，农民受教育程度的高低与农户是否采用新技术是呈高度正相关关系的，这一点对于新技术的早期采用者尤其明显。同样，欧文（Ervin，1982）发现受教育程度高的农户采用水土保持技术的可能性要高于受教育程度低的农户；此外，他还发现年龄大的农户往往不愿意采用水土保持技术，而年纪轻的农户由于受教育程度更高，往往愿意参与到新技术的革新过程中来。

林毅夫（1994）利用湖南省5个县的500户农户数据研究了农户杂交水稻技术采用行为，研究结果表明，农户的教育水平对农户采用杂交水稻的概率和采用密度均有显著的正效应，此外户主从事农业的经验对技术采用行为也呈正相关关系。

卡尔布等（Kaliba et al.，1997）利用两阶段Heckman模型研究坦桑尼亚农户采用奶牛养殖技术的情况。该研究结果表明，户主的性别、年龄、家庭劳动力人数、农户耕地规模都对农户采用奶牛养殖技术行为产生影响。

宋军等（1998）在对农民的技术选择进行研究的过程中发现，年龄大的农户往往愿意选择高产型技术，而年轻一代的农户往往偏向于选择优质技术；性别对农户的技术选择行为也有影响，女性往往愿意采用高产技术，而男性却偏向于选择优质技术。

胡瑞法（1998）利用浙江省富阳县6个村的120户农户数据来研究农户对待与水稻生产有关的不同类型技术的态度。该研究把技术分为高产品种技术、优质品种技术、小型收割机技术、病虫害综合防治技术。该研究结果表明，户主的年龄、教育水平、职业类型都对农户的技术选择行为有影响，而且对于不同类型的技术其影响也有所不同。

董晓媛等（1998）利用Porbit和Tobit模型研究印度3个村的农户采用高产品种行为，该研究表明，家庭人口少和户主年龄大的农户往往更愿意采用高产品种，这是因为年龄大的农户具有更多的农业生产经验，因此会更愿意采用高产品种。希费劳和霍尔登（Shiferaw & Holden，1998）对埃塞俄比亚农户采用土壤保护技术的研究也表明农户的家庭人口数量和户主的年龄影响农户是否采用该技术。

多斯（Doss，2001）对性别如何影响非洲农民技术选择进行了研究。该研究认为，技术选择要受到劳动力、土地规模、土地产权、各种农业投入和技术推广服务的影响。而性别会对上述因素产生影响，继而影响到农户的技术选择行为。而且性别往往会影响到农民选择技术的偏好，例如，妇女在选择玉米新品种时可能会选择易加工、耐储存的玉米品种，而男性可能会选择具有其他特性的玉米新品种。

唐加塔等（2003）利用 Logit 模型研究了非洲撒哈拉地区农户采用农业生态技术（睡鼠树和玉米间作以提高土壤肥力及玉米产量）。研究结果表明，户主的年龄和家庭中从事农业劳动的劳动力人数影响农户采用该技术，其中年龄与采用该技术呈负相关关系，即年纪轻的农户愿意采用该技术。家庭中从事农业的劳动力人数与采用该技术呈正相关关系，即家庭农业从事农业劳动的劳动力人数越多，采用该技术的可能性越大。

秦文利（2004）利用对河北省临漳县 4 个行政村的 100 户农户调查数据，从农户的素质角度分析新技术采纳行为的影响因素。该研究表明，农户素质对新技术的采纳过程有着重要影响，农户自身素质与其对农业新技术的采纳可能性呈正相关关系。

朱方长（2004）研究认为，不同的采纳类农户的主要社会变量包括：社会经济变量、个性变量、沟通行为变量。其中社会经济变量包括文化教育程度、收入、生活水平、富裕程度、所处的社会阶层和社会声望等，一般来说早期采纳者比后期采纳者接受过更多的正规教育，也即往往比后期采纳者具有更高的文化修养。个性变量主要指采纳新技术的态度，一般来说早期采纳者比后期采纳者具有相对开放的观念体系，他们对采纳新技术抱有更积极的态度，更相信科学，相信自己有能力控制和塑造自己的将来。沟通行为变量主要表现为人际网络、接受信息渠道等方面，一般来说，早期采纳者具有更多的人际关系网络，眼界更开阔，与农业科技推广组织有更多的联系和接触，并且拥有更多的渠道接触大众媒体。他们比后期采纳者更主动地搜寻有关农业技术创新的信息，具有更强的控制舆论导向的能力。

3.2.5 技术诱导因素对农户技术选择行为的影响

根据技术诱导创新理论（Hayami & Ruttan, 1985），技术诱导因素主要包括农户的家庭收入、耕地禀赋、劳动力资源等。

吉姆尼克和克林特（Jamnick & Klindt，1985）、肖特尔和米尔纳斯基（Shortle & Miranowski，1986）、李和斯图尔特（Lee & Stewart，1993）都把农户生产经营规模的大小作为影响农户采用免耕技术的主要因素进行分析。他们认为，采用新技术的固定成本是阻碍小规模农户采用免耕技术的主要限制因素，因此农户生产经营规模越大越愿意采用免耕技术。

袁飞等（1993）以浙江省乐清县为例分析了我国沿海经济发达地区农业技术选择的方式。该研究认为，由于乐清县人均收入较高且乡镇企业发达，农民的劳动力机会成本较高，因此农民在技术选择上愿意选择不增加（或少增加）劳动投入便可显著增产的技术。

林毅夫（1994）在对湖南省 500 户农户采用杂交水稻技术的研究中发现，农户的耕地规模对于农户采用杂交水稻的概率具有显著的正效应，这可能是因为耕地规模大的农户在信贷和杂交种子上具有规模经济所致。此外，农户的资本拥有量对农户杂交水稻的采用密度有显著的正效应。

朱希刚等（1995）为了分析贫困山区农民技术选择的决定因素，以云南省禄劝县和贵州省普定县 6 个乡的 18 个行政村的 289 户农户为研究对象，来分析贫困山区农户采用杂交玉米技术的决定因素。他们把影响农户技术选择的因素分为外部因素和内在因素两部分。得出的结果表明，经济实力强的农户采用杂交玉米的概率较大，而远离集镇和属于少数民族的农户，以及非农收入比重较高的农户采用杂交玉米的概率较小。

胡瑞法（1998）在对浙江省富阳市 6 个村的 120 户农户数据进行研究中发现，农户的富裕程度和人均耕地面积会影响农户的技术选择行为，而且影响有所不同。富裕农户由于收入较高，希望能够消费质量较高的粮食，节约田间劳动时间，因此会选择优质技术和小型收割机技术。

黄季焜等（1999）通过建立农业技术选择行为模型对农业技术从产生到采用的整个过程进行研究。研究结果表明，农户的耕地面积、人均纯收入以及农户自身的因素都对农民的技术选择行为产生影响。

胡瑞法和黄季焜（2002）从耕地和劳动力资源两个方面来研究中国农业技术的构成及发展。该研究通过对 90 年代末我国不同省份耕地利用情况的比较得出结论，人均耕地面积与耕地复种指数存在着明显的非线性负相关关系。人均耕地资源禀赋稀缺往往会诱导农民在农业生产上采用高产新品种技术、高产栽培技术以及多熟制种植技术，从而使该省的复种指数逐步提高。该研究还表明，劳动力的机会成本同农业生产中的机械投入呈现明显的正相关关系，这从另一个侧面证明了诱导技术创新理论，即在劳动力机会成本较高的地区，农民会以要素价格相对较为便宜的机械投入替代价格较高的劳动力投入；而在劳动力机会成本较低的地区，由于缺乏足够的资金投入到农业生产活动中来，从而是农民以较多的劳动投入替代需要较大资金的机械投入。

韩青、谭向勇（2004）通过对山西农户的调查资料，运用 multinomial logit 模型对农户灌溉技术的影响因素进行了分析。研究认为，粮食作物和经济作物对再灌溉技术选择表现出明显的差异，粮食作物一般采用利用率较低的传统技术，经济作物一般采用水利用率较高的现代技术，水资源稀缺程度会影响农户的灌溉技术选择，水价和政府扶持对经济作物灌溉技术选择有显著的影响，但是对粮食作物的灌溉技术选择几乎没有影响。

3.2.6 外部环境对农户技术选择行为的影响

朱明芬（2001）对浙江省绍兴县和兰溪市的农户采用新技术的实证研究结果表明，从总体看兼业农户比纯农户采用新技术的积极性高，但随着兼业程度的提高，非农兼业户的积极性比农业兼业户下降了 10 多个百分点。采用新技术最有积极性的是农业专业大户，最没有积极性的是非农兼业户。

张舰等（2002）利用 Probit 模型估计了辽宁省 5 个县（市）的 188 户农户采用大棚技术行为的情况。模型结果表明，户主从事非农业程度与农户采用大棚技术呈负相关关系，即户主从事非农业工作时间越长，采用大棚技术的概率越小。

沃纳（Warner, 1974）认为，学习和模仿对农户的技术采用行为起到举足轻重的作用。他认为一项新技术的潜在采用者对待采用新技术是持谨慎态度的。在采用新技术之前，农户往往会进行少部分的试验，根据自己的试验或其他农户的试验获取有关新技术成本和收益的相关信息。当有关新技术的信息积累到一定程度,农户才开始决定是否采用新技术。

吉姆尼克和克林特（Jamnick & Klindt, 1985）认为,如果农户能够接受有关新技术的指导并且主动参加有关新技术的培训,那么他采用新技术的可能性较大,因为有关新技术的信息和采用新技术可能带来的收益会影响到农民的技术采用。

霍伊博格和霍夫曼（Hoiberg & Huffman, 1978）利用多元概率模型和评定模型对美国衣阿华州的农场数据进行分析,发现随着信息获得程度的增加,可以降低技术采用的成本和不确定性,因此可以增加技术的早期采用率。

沃兹尼亚克（Wozniak, 1987）利用多元概率模型和评定模型对美国衣阿华州农户采用饲料添加剂技术进行研究,该研究得出结论：农户的教育水平和信息获得程度与农户新技术的早期采用行为呈高度正相关关系。模型估计结果表明,经常去农业推广部门了解有关新技术信息的农户采用新技术的概率要高于很少去农业推广部门了解新技术有关信息的农户。

朱希刚等（1995）在对云南省禄劝县和贵州省普定县的6个乡的18个行政村的289户农户进行的研究中,选用了变量"农户与农技推广机构联系的次数"来考察农业技术推广系统在农户采用杂交玉米中的作用。变量的值为一年内农户因农业技术问题去乡农技站的人次和一年内乡农技站推广员及村农技员为农业技术问题到农户家里走访的人次之和。该研究结果表明,与农业技术推广机构联系次数较多的农户采用杂交玉米的概率较大。

百度 - 福森（Baidu - Forson, 1999）认为,尼日尔农户采用土壤改良技术是与农户是否能得到技术推广服务和指导呈高度正相关的。技术推广的服务和指导能够增加农户采用该技术的可能性及采用程度。

高启杰（2000）对三类地区农民对三种不同农业技术的需求情况进行了分析,第一种技术是四川省绵阳地区120户农民采用水稻旱育秧技术,第二种技术是天津市武清区、河北省沙河市以及辛集市90户农民采用塑料大棚技术,第三种技术是北京郊区119户农民采用西红柿良种——"中杂9号"。多元概率模型的分析结果表明,农户与推广人员接触的频率、大众媒介的使用频率、农户拥有的农业科技书籍与农户的技术采用行为呈正相关关系。

谢赫等（Sheikh et al.，2003）利用评定模型对巴基斯坦农民在水稻—小麦和棉花—小麦这两种轮作制度下采用免耕技术进行研究。该研究表明，在水稻—小麦和棉花—小麦这两种轮作制度下，农户与技术推广部门联系的次数是农户采用免耕技术的主要影响因素。

唐加塔（2003）等利用评定模型研究了非洲撒哈拉地区农户采用农业生态技术（睡鼠树和玉米间作以提高土壤肥力和玉米产量），研究结果表明农户与推广部门联系的次数越多，采用该技术的可能性越大。

3.2.7 国内外研究评价

国外学者非常重视对农民的研究，在研究方法上注重数理经济模型和经济统计分析的定量研究。而国内学者在研究农业技术推广时侧重于研究农业技术推广体系以及农业技术推广中存在的问题。目前，国外的农经研究已经普遍采用以现代数理经济学为基础的计量经济模型与统计方法。

目前国内外技术采纳实证研究主要分为两种：是否采纳（包括采纳程度）及何时采纳。一种研究是从采纳结果的角度探讨农户采纳行为；另一种是从农户采纳创新的速度的角度去探讨农户采纳行为的。国内外研究农户采纳行为基本都是从以下四个角度进行的：农户个人特征对农户采纳行为的影响；技术诱导因素对农户采纳行为的影响；风险变量对农户采纳行为的影响；信息变量对农户采纳行为的影响。农户的自身特征主要是从农户年龄、性别、教育程度、身体状况以及农户自身的其他特征等，这些自身特征对农户采纳行为有一定的影响。技术性诱导因素主要包括农户的家庭收入、农户的耕地禀赋和劳动力禀赋等，这些方面也会对农户采纳行为有一定的影响。风险因素主要是从农户的风险偏好角度研究农户采纳行为，并且研究相关的其他因素对风险偏好的影响。信息变量主要是从获得信息的成本等方面去研究其对农户采纳行为的影响。这一类变量一般采用是否参加过农业技术培训、教育程度、农场规模的大小等。但不同的学者研究农户采纳行为影响因素的结果有一定的误差，主要原因是农户采纳的不同的新技术有其自身的特点，而且不同地区存在地区间差异，所以农户采纳行为的影响因素也存在一定的偏差。因此对于特定的农业技术选择有特定的影响因素，各种不同农业新技术选择影响因素也有一定的共同点。

国内外一般研究结论如表 3-1 所示。

表 3-1　　　　　　　　　农户采纳行为影响因素

正面影响因素	负面影响因素
教育水平	年龄
收入	投资成本
农场规模	风险厌恶
劳动力	非农业收入
银行存款	
社会地位与人际网络	

3.3　农业节水灌溉供给主体经济学特性

农业灌溉技术的经济特性要根据其投资主体、经营管理方式和消费方式来界定。一些大型灌溉工程技术的公益性较强，缺乏私人投资的内在激励，一般由国家或政府委托专业机构来负责投资建设和经营管理，无偿提供给农户用于农业生产，灌溉技术具有消费的非竞争性和非排他性的公共物品特性。例如，在中国 20 世纪五六十年代的高级社和人民公社时期，灌溉技术的经济特性就类似于公共物品的特性。此时，灌溉设施和水利设施一般由生产队或生产大队出资（包括全体村民集资及出义务工），集体统一管理、统一经营。灌溉设施的维护由生产队负责，而各个生产经营单位（包括农户）无偿地取水、用水或只支付提水成本（燃油费或电费）。因此，由集体投资、集体管理和集体经营的灌溉设施具有了消费的"非竞争性"和"非排他性"的公共物品特性。在这种情况下，每个消费者在灌溉设施的使用中都不注意设施的保养和维护，导致灌溉设施"有人用，无人管"、"有人用，无人修"，从而导致灌溉设施使用效率低下。

由于灌溉工程系统建设、运行和维护所需资金量较大，财政和管理的压力迫使政府将灌溉工程的建设职能转交给农民用水者协会。同时，由于政府对灌溉系统的管理容易导致技术供需双方的信息不对称，用水者协会对灌溉系统的自治管理可以避免由于灌溉技术消费的地域性而导致政府管理的信息不对称。农民用水者协会对灌溉技术进行建设和管理是发展中国家弥补政府财政对灌溉设施建设投入不足而普遍实行的主要措施。此时，灌溉技术具有了"俱乐部物品"的特性，即存在灌溉技术消费的排他性和非竞争性，对灌溉技术消费成员的资格是有限定的，在成员内部可以共享。然而，在这种经营机制的具体实施中，社区成员会存在对灌溉设施过度利用的倾向，而对社区成员进行监督则需要付出高昂的成本，从而导致灌溉设施的运行效率低下和提前报废。此时，社区内部任何一个成员受益的增加都会减少另一个成员的受益。更为准确地说，社区内的灌溉设施更类似于"俱乐部型的可拥挤物品"，由于不同节水灌溉技术的技术适应性不同，节水灌溉技术的建设和经营管理方式也有所不同。例如，渠道防渗技术和管道输水技术在使用过程中存在不可分割性，缺乏私人单独进行投资的激励，一般由社区内的农户共同提供，投入使用的节水技术由社区内的农户共同受益，农户对其消费具有排他性和非竞争性。此时，以上节水灌溉技术具有"俱乐部物品"的特性。喷、微灌等田间配水方法的节水技术，在由水源到田间的辅助设施完备的条件下，田间的配套设施在使用中排他性较强。与渠道防渗和管道输水技术相比，喷、微灌技术在使用过程中农户的"搭便车"行为较为困难，因此，农户可以独立投资和应用这两种技术。喷、微灌技术表现出了"私人物品"的特性。

通过以上分析可知，具有"非竞争性"和"非排他性"的公共物品特性的灌溉技术必然会导致技术使用的无效率。而政府的财政支持不足增加了灌溉技术消费的竞争性或排他性，使得灌溉技术由社区或农户共同提供成为一种普遍趋势。因此，目前灌溉工程的经济特性更明显地表现出了"准公共物品"的特性。

3.4 农业节水灌溉需求主体经济学特性

作为节水灌溉技术的需求主体，灌溉技术对于农户而言，同劳动和土地一样，也是一种生产要素。灌溉技术本身并不是水的替代品，但它们却是起着催化剂作用的投入品，可以促进相对不稀缺的要素对稀缺要素的替代。节水灌溉技术可以在不减少作物产量的前提下，减少灌溉水的使用；或者在供水量不变的条件下，提高作物灌溉用水的利用率，从而提高作物产量。先进的灌溉技术可以节约灌溉水的使用量，从而减少农户的生产要素投入。

节水灌溉技术作为一种引致需求，农户对其的需求受技术自身因素、自然环境因素、经济因素和政策因素的综合影响。节水技术建设成本和节水成效是影响农户技术需求的重要技术因素。采用节水技术的投入越高，即技术本身的价格水平越高，农户对其的需求越小。例如，喷、微灌等先进节水技术与渠道防渗和管道输水技术相比，前者的技术投入成本较高，同时，在使用过程中还需要技术维护等方面的后续投入，因此，喷、微灌技术的采用率较低。灌溉技术的节水效果或增产效果越大，农户对技术的意愿需求越大。

水资源短缺程度是影响农户技术需求的自然环境因素。水资源短缺情况越严重，使用灌溉水的边际成本越高，在完全竞争的市场条件下，这直接表现为水价的提高。节水灌溉技术的采用可以减少稀缺要素（水）的生产投入，从而在一定程度上减少农户总的生产投入。

农户收入水平、作物产值和水的替代生产要素（如劳动力和其他物质资本）的价格是影响农户技术需求的经济因素。在假设节水技术为正常商品的条件下，农户家庭收入水平的提高，可以增强其技术改造的能力，从而增加其对技术的需求。在其他条件不变的条件下，技术改造成本占农户种植作物产值的比重越低，农户技术改造的压力越小，农户越倾向于对经济价值较高的作物采用节水技术。当水的替代生产要素的价格提高时，水价则相对降低，此时，农户则缺乏使用节水技术的动力。

水价政策和政府扶持是影响农户技术需求的政策因素。政府实行的福利供水（或低价供水）政策会抑制农户的节水技术需求。政府对节水灌溉技术的扶持（或补贴）政策会减轻农户的节水改造压力，从而增加其对节水技术的需求。

综上所述，以上因素共同决定了农户灌溉技术的需求。由于中国目前灌溉用水的水价偏低、节水技术的投入成本较高和农户收入水平低等原因，使农户对节水技术的意愿需求较低，从而导致中国节水技术采用率低和农业生产中的水资源浪费严重。

3.5 调查地区基本情况

由于本书着重考察农业节水灌溉技术的应用状况，因此，把调查地点选择在番茄膜下滴灌主产区——新疆北部地区。并依据水资源短缺程度，对新疆北部各地级市进行了三个档次的分组，按随机抽样原则分别在水资源丰富和短缺的组中选取了一个地级市，在水资源中等短缺的组中选取了两个地级市。在所抽得的四个地级市中随机抽取一个县或县级市。抽样结果为：新疆昌吉地区、五家渠地区和乌鲁木齐地区，以及新疆生产建设兵团农六师、农十师国营农场。在以上的每个县（市）以及兵团国营农场中按以下标准抽取三个乡镇团场：所选三个乡镇收入水平在本县分别居高、中、低水平；采纳番茄膜下滴灌技术；节水灌溉技术采用过程中政府扶持、农户和集体自发进行两种方式并存。每个县随机抽取10个村或连队，每个村或连队随机抽取10个样本户，共获得30个村/连队的300个农户样本。由于户级样本的问卷填写不够完善，或者是填写的数据难以解释等原因，最后得到279个户级有效样本。

3.5.1 总体情况

通过对农户调查表的初步分析整理，我们发现，如果简单就番茄膜下滴灌投入资金、推广面积、采纳户数、使用时间等数据来衡量，兵团国营农场膜下滴灌推广非常成功，调查中120户职工中有105户采纳番茄膜下滴灌技术，占兵团样本总数的87.5%；与此相对，调查的180个农户中只有40户采纳该技术，仅占调查农户总数的22%。国营农场在组织和动员职工采纳番茄膜下滴灌技术采纳方面具有巨大优势，可以通过同职工签订承包合同中写明要求该地块番茄种植采纳膜下滴灌技术并辅之以部分负担膜下滴灌干渠网成本，剩余部分以及支渠、毛渠和田间管网成本由职工自己承担的方式，促使团场职工绝大部分采纳膜下滴灌技术。可以说，国营农场高比例的采纳膜下滴灌技术受到了一定的行政干预并获得了一定的经济补贴。调查中，采纳膜下滴灌技术的职工绝大部分都表示，采纳该项技术后，经济效益非常明显，今后将继续采纳该项技术。绝大部分没有使用膜下滴灌的农户，主观上非常愿意采用该技术，但是由于缺乏国营农场强有力的行政动员能力，且膜下滴灌初始干渠网管投入成本对于单个农户来说仍然偏高，调查的大部分农户负担不起滴灌的高额固定成本投入，因而限制了农户采纳该项技术。

3.5.2 番茄膜下滴灌技术效果分析

1. 节水

滴灌系统是人工或自动控制系统控制灌水量，根据作物根系发育控制湿润程度，不产生地表径流和深层渗漏，灌溉水集中在根系发育范围。番茄膜下滴灌技术可大大减少株间蒸发，最大限度减少耗水量，比常规大田漫灌平均节水25%。

2. 保土节肥

番茄膜下滴灌可有效避免土肥流失，其保土、节肥效果在大坡度耕地更加显著。膜下滴灌中，灌溉与施肥是通过封闭管网和灌水器材将水肥直接输送到作物根部附近的土壤中，不会产生土肥流失。据测定，番茄膜下滴灌比常规灌节肥达到22%。

3. 减少病虫害发生，降低农产品的腐烂程度

番茄各种病虫害发生的主要原因是土壤湿度不稳定。同常规灌相比，采用膜下滴灌技术，湿度保持相对稳定，大大减少了病虫害发生概率。调查结果显示，膜下滴灌可节省农药约21%（相当于每公顷节省资金90元），番茄腐烂程度降低约20%，相当于番茄产量提高。

4. 降低生产成本

采用番茄膜下滴灌技术可有效降低生产成本，主要表现在节地、省机力、省劳力、提高肥效、减少化肥农药投入、减少腐烂程度等方面。采用滴灌技术以后，农地不需修农渠、毛渠，也不需打埂，既可节省田间土地的利用面积，又可节省开沟、追肥、打药、化控、平地、修渠、打埂的机力费和人工作业费。同时，施肥、施药和化控是随灌水入施，不会产生肥料流失和深层渗漏，因此，施肥、施药和化控的均匀度及肥料的利用率都比常规灌要高。

3.5.3 番茄膜下滴灌技术经济效益分析

1. 膜下滴灌投资成本

一般而言，农户采用当地俗称"小白龙"的膜下滴灌技术，调查数据显示，大田番茄所使用的膜下滴灌全部设备，包括各级管网（一般为干、支、附、毛）、滴头（在毛管带上）等，其中每年需更新一次的毛细管带，每米0.15元，每亩土地只需90元，使用后的滴灌带可以以旧换新，每米仅收0.12元加工费，每亩成本可降至70元左右。经测算，农户采纳膜下滴灌，每年每亩投资为150~160元，具体成本数据如表3-2所示。

表3-2　　　　　　　　膜下滴灌的投资成本

细目	毛细管（元/亩）	腰渠管（较粗管）（元/亩）	支渠管（粗管）（元/亩）
	50~55元/亩，使用年限1年	30~35元/亩，使用年限1~2年	180~210元/亩，使用年限3年

资料来源：笔者调查。

2. 膜下滴灌经济效益

由于膜下滴灌技术的采用，番茄生长环境中的水、肥、气、热等条件明显改善，耕地利用率提高，增产效果十分显著。调查数据显示，采纳膜下滴灌农户和沟灌农户相比，每亩可增产番茄1吨左右，按照当地番茄市场平均价格0.26元/千克计算，可增加总收入260元。调查中农户反映，采用膜下滴灌技术，放水时间比过去沟灌时间长，每亩缴纳水费由过去的 50~60 元增加为 70~80 元，即每亩水费增加 20 元左右。采纳膜下滴灌后，灌溉投资和水费每亩约增加 180 元，收入增加 260 元，每亩纯收入约增加 80 元。在调查中，采纳膜下滴灌的农户番茄种植面积平均为 25 亩，按每亩增加纯收入 80 元计算，可增加收入 2 000 元。由于存在较强的经济激励，农户都愿意采纳膜下滴灌技术。

3.6 膜下滴灌技术实证分析

我们采用计量经济学中的分类选择模型来研究农户选择行为。回归模型中因变量只有两个不同的取值，这就是一个二元选择模型（binary-choice model）。每一个个体都面临两种选择，并且依赖于相关的一些特征，我们对这种选择行为选取线性概率模型进行研究，回归形式如下：

$$Y_i = \alpha + \beta X_i + \varepsilon_i \tag{3.1}$$

式（3.1）中，X_i 表示第 i 个农户的个体特征，譬如：收入、性别、年龄、教育程度等。ε_i 表示相互独立且均值为零的随机变量。该模型如果采用普通最小二乘法或加权最小二乘法估计都违背统计的无偏性，因为因变量不遵循统计学上要求的正态分布，有最小二乘法和加权最小二乘法估计出的系数的标准差和 t 检验值不适宜于统计学的假设检验。我们采用评定模型进行回归分析。评定模型采用的是逻辑概率分布函数（cumulative logistic probability function），它的具体形式为：

$$P = F(Z) = F(\alpha + \beta \times X_i) = \frac{1}{1+e^{-z_i}} = \frac{1}{1+e^{-(\alpha+\beta \times x_i)}} \tag{3.2}$$

对于给定 X_i，P_i 是个体做出某一特别选择的概率。经过化简，得到以下等式：

$$\log \frac{p_i}{1-p_i} = Z_i = \alpha + \beta X \tag{3.3}$$

式（3.3）中的因变量是做某一特别选择的机会比（odds）的对数。评定模型的一个重要优点是它把在（0，1）上预测概率的问题转化为在实数轴上预测一个事件发生的机会比的问题。评定模型是用来解决因变量只有两种选择且不连续的选择问题。

根据上述理论框架和假设以及实地调研情况，我们选择以下几种变量，并建立如下的农户新技术采纳膜下滴灌节水技术行为实证模型，加以验证。

农户采纳膜下滴灌节水技术 = f [是否为国营农场职工、教育年限、是否为村干部、和其他村（连）里人接触程度、是否参加过相关的技术培训、亩产量]

预期结果如表3-3所示。

表3-3　　　　　　　　　　预期结果

解释变量	解释变量含义	可能影响方向
教育年限	教育是实际年份	++
是否为国营农场职工	1=是；0=不是	++
是否为村干部	1=是村干部；0=不是	+
和其他村（连）里人接触程度	1=没有接触；2=接触一般；3=接触很多	++
是否参加过相关技术培训	1=参加过；0=没有	+
亩产量	1=亩产量增产大于500千克；0=亩产量增产小于500千克	++

注："+"代表正相关，"-"代表负相关，"++"代表正相关显著，"--"代表负相关显著。

调研数据的统计描述：

（1）二元变量的统计描述如表3-4所示。

表3-4　　　　　　　　　　二元变量描述

二元变量	取值为1的百分比（%）	取值为0的百分比（%）
是否为国营农场职工	40	60
是否为村干部	30	70
是否参加过相关技术培训	65	35
亩产量	57	43

资料来源：根据笔者新疆实地调研数据所得。

(2) 有序变量的统计描述如表 3-5 所示。

表 3-5　　　　　有序变量 1：[农户教育年限] 描述

农户教育年限最大值	农户教育年限最小值	农户教育年限平均值
15	0	6.8

资料来源：根据笔者新疆实地调研数据所得。

表 3-6　　　　有序变量 2：[农户与其他村（连）接触程度] 描述

接触程度取值	3（很多）	2（一般）	1（没有）
所占比例（%）	41	38	21

资料来源：根据笔者新疆实地调研所得。

运用 stata 软件处理农户采纳膜下滴灌节水技术二元评定选择模型结果。

模型处理结果：（如表 3-7 所示）。

表 3-7　　　　　　　　模型结果描述

解释变量	系数	Z 值
常数	-16.51474	-2.35
是否为国营农场职工	2.874613	3.96***
教育年限	1.252543	2.22**
是否为村干部	3.831011	1.50*
和其他村（连）里人接触程度	0.1604043	0.67
是否参加相关技术培训	0.3828247	0.46
亩产量	4.644126	2.79***

注：*、**、*** 表示该变量的系数在 0.1、0.05、0.01 的可信水平下显著不为 0。

实证结果分析：

(1) 教育年限的影响。如表 3-7 所示，农户的教育年限变量系数为正值，且达到显著水平，表明随着教育年限的增长，农户采纳膜下滴灌节水技术的概率在增加。受教育程度越高的农户越能够获得来源于各种渠道的农业技术信息，并且有能力对信息进行评估和选择，农户对有关农业新技术信息掌握到一定程度，就会开始采纳该种新技术。该变量显著说明，在其他因素不变的情况下，教育年限对农户采纳膜下滴灌影响显著，并与农户采纳膜下滴灌节水技术有高度的正相关关系，教育年限越长的农户更有可能放弃传统技术，采纳膜下滴灌节水技术。

（2）是否为国营农场职工。如表3-7所示，该项变量系数为正，达到非常显著水平，表明国营农场职工采纳膜下滴灌技术概率大大高于地方农户。如前所述，同地方农户相比，国营农场具有更大的资源聚合能力，对膜下滴灌技术采纳具有较强正相关性。

（3）是否为村干部。如表3-7所示，农户是否为村干部变量系数为正值，且达到显著水平，表明村干部采纳膜下滴灌节水技术的概率在增加。村干部比普通农户更有机会接触外界信息，他们的信息辨别能力、预见能力也较普通农户要强。该变量显著说明，在其他影响因素不变的情况下，农户是否为村干部对农户采纳膜下滴灌节水技术影响显著，二者存在高度的正相关关系，村干部更有可能放弃传统技术，采纳膜下滴灌节水技术。

（4）亩产量影响。如表3-7所示，农户番茄亩产量增加变量系数为正值，且达到非常显著水平，表明亩产量增产越高的农户越有可能采纳膜下滴灌节水技术。在投入相同的情况下，亩产量越高表明投入产出的比率越低，也即投入产出的效率越高，经济效益越好，农户在采纳新技术的时候充分考虑到了经济效益，并且落实到投入产出的比较上来，而且直观上反映到亩产量上面。该变量显著说明，在其他影响因素不变的情况下，亩产量对农户采纳膜下滴灌节水技术影响显著，二者存在高度的正相关关系，亩产量高的农户更倾向于采纳膜下滴灌节水技术。

（5）其他因素的影响。和其他村（连）里人接触程度对农户采纳行为也有一定的影响，其影响和我们预期的较为一致，虽然没有达到显著，但是系数为正值。和其他人接触越多的农户，思想观念越容易接受新事物，更加倾向采纳膜下滴灌节水技术。农户是否参加相关技术培训对农户采纳行为也有一定的影响，其影响与我们预期也较为一致，没有达到显著水平，系数为正值。参加过相关技术培训的农户比没有参加过技术培训的农户更有可能放弃传统技术，采纳膜下滴灌节水技术。

3.7 膜下滴灌存在的问题

虽然采纳膜下滴灌有助于农户提高番茄产量并且可以显著节约水资源，但是通过实地调研我们发现，膜下滴灌的维护和可持续使用存在问题。主要有两个方面，一是质量问题，膜下滴灌采取地膜和滴灌袋一次铺就成型，对滴灌袋质量要求较高，如果毛细管滴灌袋质量过关，番茄产量将比沟灌每亩提高 1 吨左右，但是如果毛细带出现断裂、发黏、水流不畅等，将会造成番茄减产、水费高于沟灌，采用滴灌经济效益反而会低于沟灌；二是缺乏专业技术人员进行滴灌设备维护，调查中，国营农场各个连队缺少专业技术人员去维护滴灌设备，有的连队即使有人维护，但维护人员的专业知识欠缺，造成滴灌设备使用寿命缩短，农户滴灌投资折旧加速，农户投资浪费。

3.8 推广膜下滴灌的政策建议

第一，加大政府对膜下滴灌技术采纳补贴力度，膜下滴灌一次性投入相对较大，经济不发达地区面积推广受到限制，应采用一些政策或措施推动膜下滴灌的发展。以调查地区为例，国营农场高比例的膜下滴灌采纳率是建立在农场对技术采纳农户进行补贴、为农户技术采纳提供经济激励的基础上的。

第二，滴灌设备生产厂商应注重技术研发创新，研制适合于不同作物、不同土质的系列化滴灌产品；同时，厂商要提高滴灌设备产品质量，解决滴头阻塞以及滴灌带断裂、发黏、水流不畅等问题，改进滴灌系统的配套设施。

第三，改进番茄大田栽培技术，研究与大田番茄膜下滴灌相匹配的高产、节水、高效灌水模式和栽培技术。

第四，改善和提高与膜下滴灌相配套、相适应的滴灌专用肥和农药。

第五，进一步提高大田膜下滴灌运行、管理方式及操作人员的技术素质。

第4章

气候变化对宁夏农户生计的影响

政府间气候变化专门委员会发布第四次评估报告指出,由于全球变暖会改变我国降水分布,具体说即北方降水增加,南方降水减少,降水量的变化必然会影响水资源供给。此外,极端天气事件发生频率会大大增加,农业是气候变化脆弱敏感部门,极端气候事件将会给农民生产生活造成巨大影响,例如2008年初南方大范围雨雪冰冻灾害就是很典型的例子。此外还有2002~2005年持续三年的宁夏地区干旱,给当地农民生活造成严重影响。目前大部分气候变化对农业生产影响的研究主要是通过改变农作物模拟模型参数模拟未来年份气候变化对农作物产出的影响,很少有研究涉及气候变化对灌溉水资源供给,由于灌溉水资源变化,农户将会采取相应的适应性措施,因此需要从农户视角出发,分析研究气候变化对农户生产生活的影响,从而为政府制定气候变化相关政策提供决策支持和政策建议。本章将利用宁夏农户调查数据,分析说明农户对气候变化的认识、气候变化对农户的影响,以及采取适应气候变化的相关措施等。

4.1 调查地区基本情况

在宁夏农户调查中我们共选择了6个县,每个县调查了20户,共得到120份调查问卷。本次调查主要是想了解农户对气候变化的认识、气候变化对农户的影响,以及农户是否和已经采取哪些适应气候变化的相关措施。调查表内容涉及调查地区社会经济状况、农业生产发展水平、不同的农业生产方式（灌溉、雨养），以及气候变化、干旱和农民的适应性措施。调查表主要侧重于了解农民对气候变化的认识、气候变化对农户家计生活的影响和潜在的针对气候变化的适应性措施。

在调查表设计过程中我们采取了参与式方法，邀请各方面的专家对调查表的设计提出可行的建议，为了获得准确的数据，我们选取2005年作为调查年份。

为了使本次调查具有代表性，在相关专家的指导下，我们在宁夏地区从北到南选择了6个县，涵盖了高收入的干旱灌溉区（吴忠、平罗）、中等收入的半干旱雨养灌溉混合农业区（盐池、固原三营）、低收入的半干旱灌溉雨养混合农业区（同心）和半阴湿雨养农业区（隆德）。我们所选择的这6个县分别代表了宁夏不同的农业生产系统，非常具有代表性。通过和宁夏社科院经济所及宁夏农业厅农村合作管理所的专家讨论，确定了在每个县调查的村庄。在选择农户时我们有意识的选择农业部农村固定观察点的农户，其原因是这些农户的统计资料相对比较全面，便于我们进行系统分析。调查时，我们采取的是面接式农户调查，经过问卷整理去除不合格问卷1份，共获得119份有效调查问卷。调查点基本概况如表4-1所示。

表4-1　　　　　　　　　　调查点概况

	吴忠	平罗	盐池	同心	固原	隆德
农民人均年纯收入（元/年）	2 800	2 500	1 000	760	1 500	800
教育	初中	初中	小学	小学	初中	初中
家庭耕地规模（亩）	2.55	5	8（水浇地）27（旱地）	10（水浇地）19（旱地）	7（水浇地）4.8（旱地）	9.5
影响农业生产最严重的灾害	霜冻	霜冻	干旱	干旱	干旱	干旱
调查点距离县城距离（公里）	1	2	22	20	0.5	6
降雨量（毫米）	155	208.8	263.5	194.5	385.4	539.5
饮用水来源	自来水	水井	水窖	水窖	水价	泉水
村总人口（个）	—	1 458	1 480	1 751	—	537

注：样本量=每村20户。

资料来源：降雨量是2004年实际降雨量数据，来源于宁夏气象局，其他数据均来源于此次农户调查。

由表4-1我们可以看到，调查点的农户收入排序除固原外同宁夏地区各县市农民人均纯收入排名一致①。2005年的《宁夏统计年鉴》中，固原农民人均纯收入位于同心之后，但我们的调查点中固原三营镇地处镇政府附近，交通便利，农民收入大部分主要是第三产业，包括开餐馆、洗车场，或外出打工，或从事养殖等，因此固原的农民收入反而较高。

在我们的调查区域，出现干旱时，吴忠、平罗、固原和隆德的农户家庭生活用水不存在问题，但是盐池和同心存在巨大问题。因为盐池、同心农户的生活用水主要依靠水窖收集雨水，当降雨量减少雨水不充足时，农户家庭生活用水就无法保障，他们只能去其他地方买水。

调查点距离城市的远近，即调查点的地理位置对农户的收入具有显著影响。吴忠、平罗和固原的农户都属于城郊县农户，这些地区的农户收入和教育程度相对较高，农户收入来源较广，种植业在农户收入中所占比例非常小，仅占20%左右，调查中我们发现这些地区农户对异常的气候变化的适应能力相对较强；与此相对，盐池、同心和隆德地区农户距离县城较远，农户收入和受教育程度较低，家庭收入的50%来自农业，异常的气候变化对这些农户的影响更大，这些农户适应外部风险的能力更弱。

从降雨量和是否灌溉来看，吴忠、平罗地区的农业生产完全依赖灌溉，而隆德地区则完全依赖降雨，盐池、同心和固原地区的农户既有部分灌溉农业也有部分雨养农业。因此在回答影响农业生产最严重的灾害时，灌区的吴忠、平罗农户认为霜冻最严重，而灌溉雨养区农户则认为干旱是最严重的灾害。因为在灌溉农业区霜冻、冰雹引起的产量损失最大，而干旱仅会造成农作物减产，但还能保障农户口粮；在雨养农业区干旱则会造成绝收，直接影响农户生存。

图4-1、图4-2和图4-3进一步表明了调查区域收入、教育结构和不同收入来源。由图中可以看出，收入较高的吴忠、平罗地区农民的教育水平相对较高，具体表现在农户的文盲率较低和初中及高中的入学比例较高（如图4-1和图4-2所示）。图4-3表明中高收入地区更多的农民从事商业，而在低收入的隆德地区没有农户从事商业活动。

---

① 具体数据见《宁夏统计年鉴》（2005）。

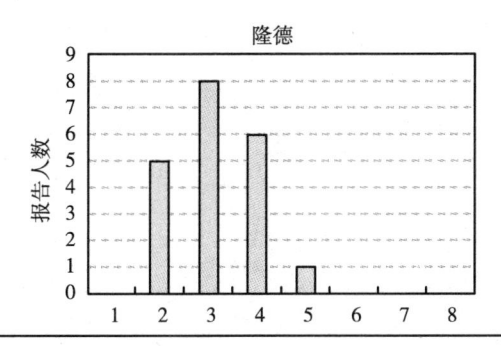

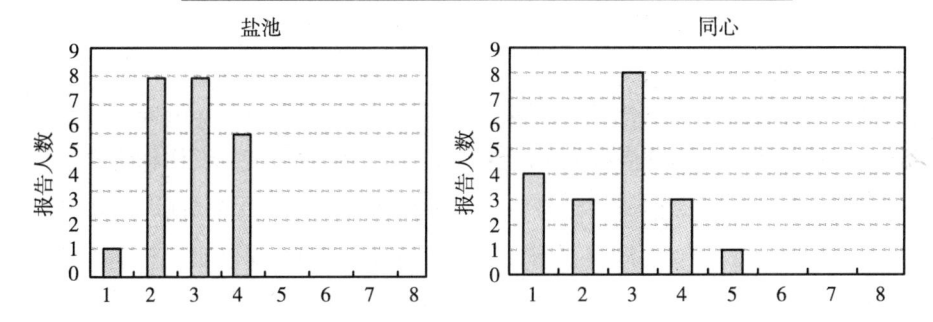

图 4-1 调查村收入结构（只选择三个调查村）

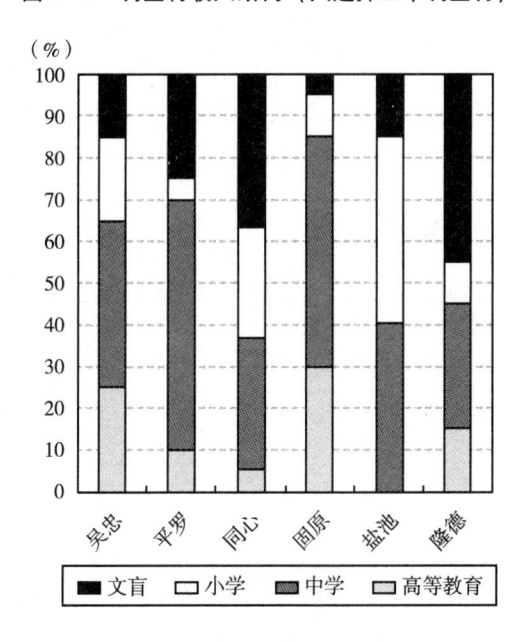

图 4-2 调查村户主教育状况

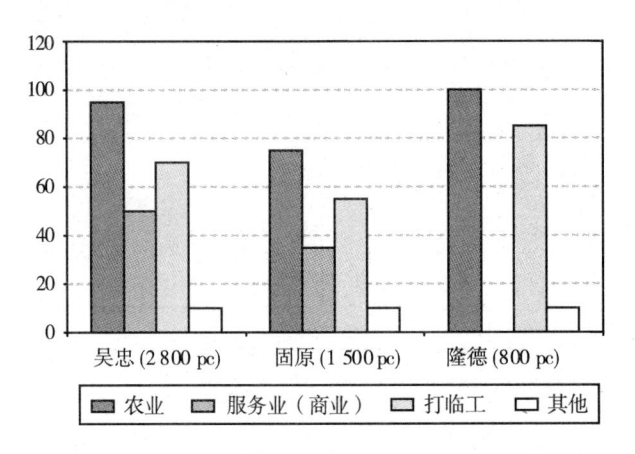

图 4-3 调查区域 3 个村的收入来源示例

表 4-2 列出了过去十年影响农户农业收入的主要因素，由表中可以看出，自然灾害、肥料价格和粮食价格对农民收入影响最大。农作物病虫害同样对农业收入有较大影响，有 52% 的农户提到农作物经常受到病虫害影响，其中有 77% 的农户认为病虫害同天气因素有关。表 4-3 表明，气候因素对农业生产影响巨大，其中干旱、沙尘暴和霜冻对农业生产影响最大。

表 4-2　　　　过去十年影响农户农业收入的主要因素　　　　单位：户

地区	税费	粮食价格	土地面积	自然灾害	农产品销售	饲料价格	化肥价格	其他
吴忠	9	18	12	18	2	2	18	0
平罗	9	13	4	20	3	14	20	0
同心	0	7	6	17	8	3	16	0
固原	4	6	10	20	7	3	15	1
盐池	2	10	1	18	9	3	13	0
隆德	2	12	5	20	8	1	16	0

表 4-3　　　　　　气候变化对农业生产影响　　　　　　单位：户

地区	高温	霜冻	干热风	干旱	冷害	沙尘暴	其他
吴忠	12	12	13	18	0	16	0
平罗	12	10	11	16	1	15	1
同心	4	4	9	17	4	16	0
固原	7	7	1	20	3	14	1
盐池	8	15	7	20	1	10	0
隆德	9	16	2	13	0	0	0

资料来源：笔者调查。

4.2 气候变化和干旱对农户家计的影响

调查中我们发现，所有农户不论是灌区、旱地还是雨养区，都直观地感受到异常气候状况——降雨量减少或降雨量过多集中在某一季节对农业生产和自身生活的不利影响，而且对这种异常表示出极大的担心（如图4-4～图4-6所示）。在调查中，除隆德地区农户外，其他农户都表示自2002年起降雨量明显下降，尤其是2004年和2005年降雨量非常少，农户的农业生产不同程度地受到降雨量减少的影响。大部分农民认为2004年的干旱最严重，大约有六成调查农户认为每年都会发生干旱，有两成提到每两年发生一次干旱。我们在调查中发现，干旱对不同地区、不同农业生产方式造成的影响不同，相比而言干旱雨养灌溉混合农业区同心、盐池地区农户生产生活受降雨量减少影响最大，次之是同样位于中部的半干旱雨养灌溉混合农业区收入来源较广泛的固原三营镇，干旱对灌溉区吴忠、平罗农户影响最小（如图4-6所示）。由于南部山区隆德未受到降雨量减少的影响，所以不存在干旱问题。

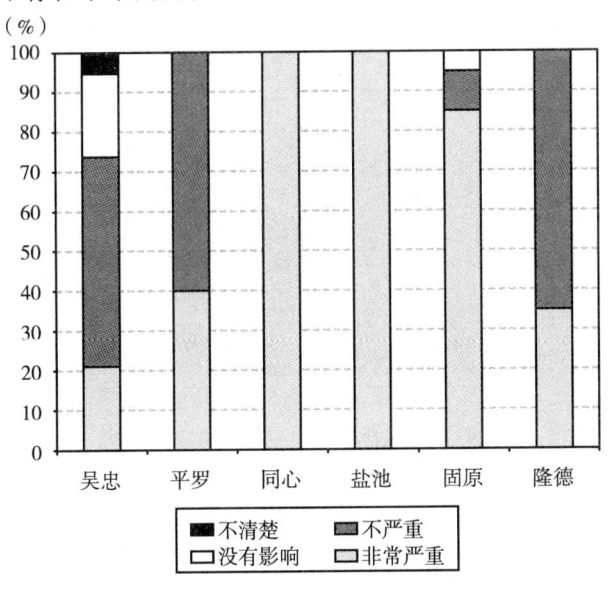

图4-4 您的生产生活是否受到降雨量减少的影响

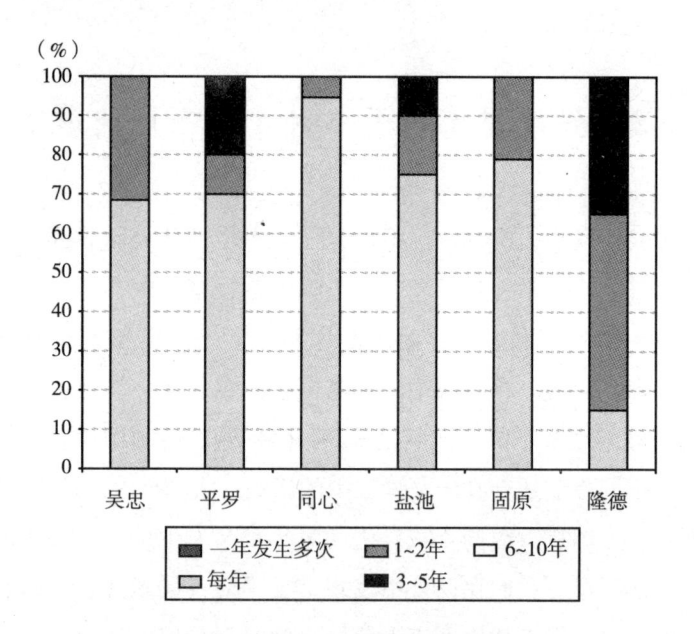

图 4-5 农户报告的干旱发生频率

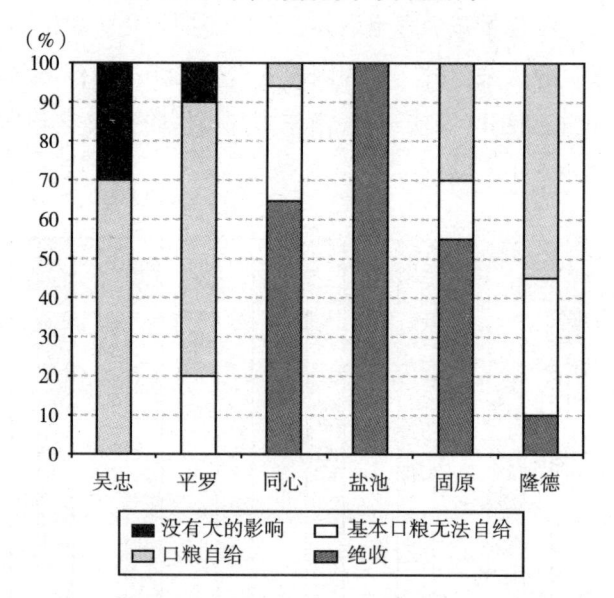

图 4-6 最严重的干旱对农户家计影响

盐池和同心处于宁夏中部干旱带，是全国 100 个贫困县之一，该地区气候干燥，自然条件极其恶劣，农民饮水主要依靠修建集水场水窖收集雨水。但在干旱年份，由于降水几乎为零，人畜饮水都无法保障，只有到其他地方去买水。从农业生产来看：调查中，2005年盐池和同心地区所有农户的旱地绝收，连种子成本和机械耕地费都无法收回，农户种旱地越多损失越大，如果不是政府退耕还林还草的粮食补贴①，2004年和2005年农户的基本口粮都无法保障。但该政策实施期是从2002年到2010年，当该项目实施完成即2010年后，如果持续干旱将直接危及我们所调查农户的食物安全。值得注意的是，在调查中我们发现同村内不同农户受干旱影响程度以及农户应对能力也不同，因此未来研究中可以进一步分析同村内部不同村民受气候变化的影响程度。

调查区域农户家庭生活用水的来源存在巨大差异，盐池、同心农户主要靠修建集雨场和水窖收集雨水用于人畜饮水。在调查中所有的农户都表示，自2002年起该地区降水量逐年减少，近三年中农户家中的水窖都无法收集足够的雨水用于日常生活，因此人畜饮水只能靠买水。买水的费用支出对农户整个家庭收入而言是比较大的，一般来说如果一家有四口人，则一年的买水支出将达到约200元，占整个农户家庭收入的20%左右，但对某些极为贫困的农户而言，其买水支出会占家庭总收入的一半。例如，在调查中有一户农户家里有10口人（家里无一人外出打工），全年家庭收入仅为1 000元，仅买水一项就用去500元，这会极大地降低该家庭成员对教育文化等其他消费的支出和需求。

对农业生产而言，降雨是否及时具有很重要的作用，一般而言，每年4、5月份是否下雨在农户生产决策中起关键作用。如果下雨农户就会从事农业生产，如果不下农户就会减少播种面积或直接不播种。这种选择在经济学上完全可以用舒尔茨的"理性小农"理论来解释（舒尔茨，1964）。

灌溉区吴忠、平罗农户表示，和正常年份相比，干旱年份的灌溉质量降低具体表现在灌溉水量减少、灌溉时间加长、灌溉及时性降低和灌溉延误次数增多。干旱年份黄河水量减少，农户所能得到的灌溉水量也相应减少，而干旱时土壤含水量下降，农作物需水量增加，因而农作物灌溉所需时间加长。同正常年份相比，农户反映，2004年和2005年由于干旱无法保障农作物灌溉用水及时性，约造成农作物减产20%。在灌溉区调查农户中约有47%

---

① 退耕还林还草的政府每年每亩补助100千克粮食。

的农户采取了节水灌溉,其中有95%以上是采纳节水农作物实现节水灌溉。

遇到干旱、霜冻和冰雹等自然灾害时,对于灌区农户而言,有80%的农户认为霜冻和冰雹对农业生产影响最大,有可能会造成农作物绝收,其中有30%的农户表示如果时间合适在遇到霜冻和冰雹时会采取补种措施;90%的灌区农户表示干旱对农业生产影响相对不大。对于旱地和雨养区农户而言,85%的农户认为干旱对农业生产影响最大,会造成农作物颗粒无收,也没有任何补救措施。例如,若雨水充足及时,农户就可以在旱地上种植西瓜、食用葵花、红葱等特色经济作物,每亩可增加农业收入500~1 500元不等,一般农户的旱地都在5亩以上,因此仅特色种植一项每年就会为农户带来3 000元以上的收入;其次,农户还可以在旱地种植粮食等作物,减少农户买粮的支出,用于养殖业饲料,降低养殖成本,仅这两项就会为农户增加2 000~3 500元的收入,对农户家庭而言这是相当可观的一笔收入。

4.3 农户受灾时适应性措施

图4-7是农户为了保持土壤墒情采用的不同措施,纵轴越高说明该种措施在农户中越有效,一般而言耙耱、覆盖地膜和压砂是采用较多的方式,但不同地区差异较大。在较富裕的吴忠、平罗干旱灌区农户倾向于采用地膜覆盖这种成本较高的措施,与此相对,较贫困的干旱雨养区的盐池、隆德地区则采用耙耱这种方式。值得注意的是,贫困地区同心的覆盖地膜比例非常高,这主要是因为政府出台政策每亩给农民补助60元用于覆膜,地膜覆盖的每亩成本是80元,因此农民每亩只需花费20元即可。在其他方式中半阴湿的隆德地区主要采取梯田耕作保持土壤墒情。

在调查中我们发现,异常的气候变化对于贫困人口中极端贫困人口的影响更大这一比较普遍的现象,同其他贫困农户相比,这些赤贫农户抗风险能力更低,更易受到外来因素的影响,同时他们没有任何技能和知识应对外来气候变化风险,从而使这些赤贫户陷于更贫困的恶性循环。以我们的调查为例,收入较高的吴忠、平罗和固原地区农户有更多的方法应对干旱等异常的气候变化,具体包括经商、发展家庭作坊、发展特色养殖业、

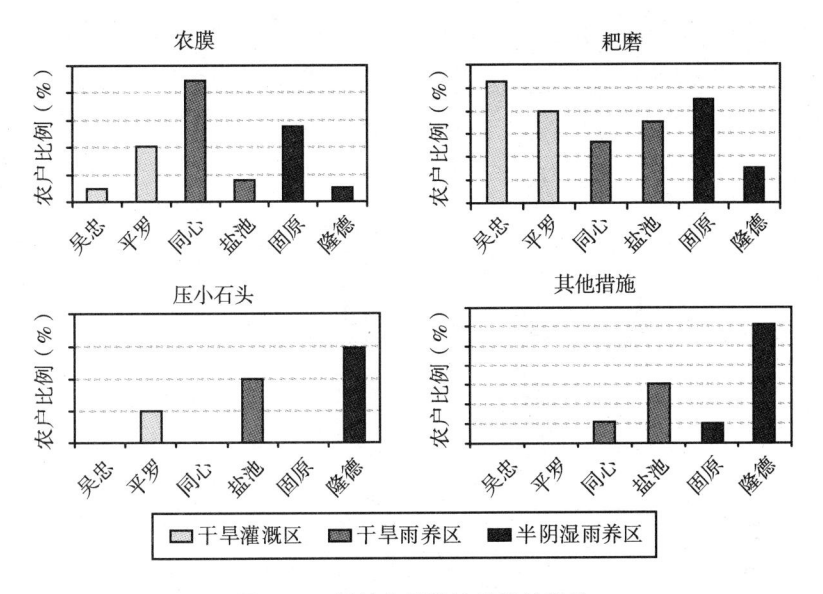

图 4-7 保持土壤墒情采用的措施

外出打工等多种方式；而对于相对贫困的盐池、同心和隆德地区农户则表示他们的农业生产主要是靠天吃饭，在发生严重干旱时除了不种地外出打工外他们没有任何其他选择。事实上我们知道能够外出打工的都是一些青壮年，对于农户中老人、小孩和孤寡家庭而言他们无法外出打工获得收入，因此在面对干旱时除了接受政府救济勉强维持温饱，这些赤贫农户没有任何手段抵御风险。由于本项调查仅为可行性论证分析，因此赤贫农户样本太少，无法进一步进行计量经济分析。如果我们有足够多的样本，完全可以通过相应计量经济模型验证上述赤贫农户在异常气候变化中所受影响最严重、损失最大的结论。事实上，在经济学上我们认为这些赤贫农户贫困的最终原因是因为"能力缺失"（森，2002），这种"能力缺失"导致这些农户陷入赤贫的恶性循环。

图 4-8 表明干旱期间农户从各方面接受的救助，横轴是调查的地区，纵轴是农户报告的各种救助的总和。从图中可以看出，富裕地区平罗农户接受的村委会、乡政府和社会捐赠远高于其他地区，尤其是贫困的隆德地区。可能的原因之一是贫困地区经常会受到政府补助，因此农户并未意识到这是政府的抗旱补助，而富裕地区很少得到政府补助，因此农户记得比较清楚。同时我们发现，没有农户提到受到非政府组织的帮助，可能的原因之一是农

户不了解什么是非政府组织因而无法区分哪些救助来自非政府组织。

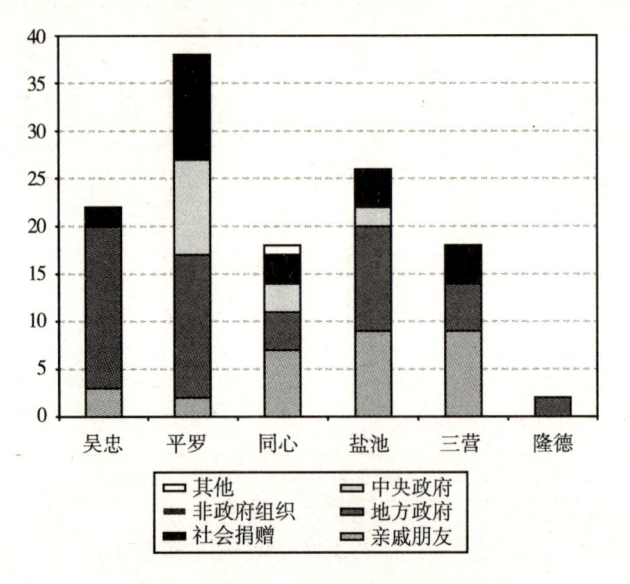

图 4-8 干旱期间哪个组织给你提供了救助

图 4-9 总结了采取补救措施抵御同气候有关的自然灾害时遇到的主要困难。由图中可以看出缺钱、缺基础设施、缺技术和缺水是农户抵御自然灾害时最主要的困难。较贫困地区如盐池、同心和隆德，更多的农户认为缺钱是主要困难，相对而言较富裕的吴忠、平罗和三营则认为缺基础设施和技术是更主要的困难。调查中我们还发现，除隆德地区外，其他地区农户都认为缺水是抵御自然灾害的主要障碍。

当问及农户希望政府提供什么帮助来应对与气候相关的自然灾害时，调查区农户都希望能够得到政府的资金资助和技术支持，如农产品价格补贴、小额信贷、提供实用的土壤保墒技术和抗旱新品种等，但不同的农业生产条件和不同的收入水平农户对政府的资助有不同要求，相对而言贫困地区农户更希望得到政府更多的帮助。富裕地区的农户更关心政府提供实用技术和农资投入，而贫困地区农户则更希望政府能够提供灌溉基础设施。对于政府而言，了解和掌握不同农业生产条件和不同收入水平农户的要求非常重要。依据我们的初步调查，调查区域富裕的吴忠和平罗灌区农户更希望政府提供实用技术支持和农资投入，雨养隆德地区农户更希望政府提供培训教育，对于干旱农业区的盐池、同心农户则希望政府能提供水

第 4 章
气候变化对宁夏农户生计的影响

利基础设施,具体如图 4-10~图 4-11 所示。

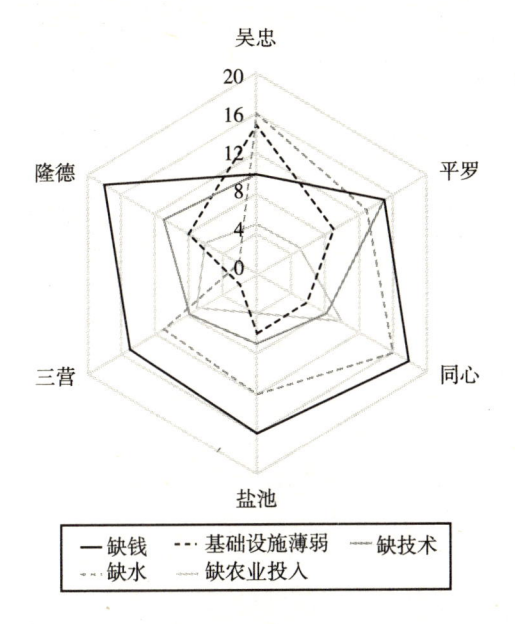

图 4-9 农户抵御同气候相关的自然灾害时主要困难是什么

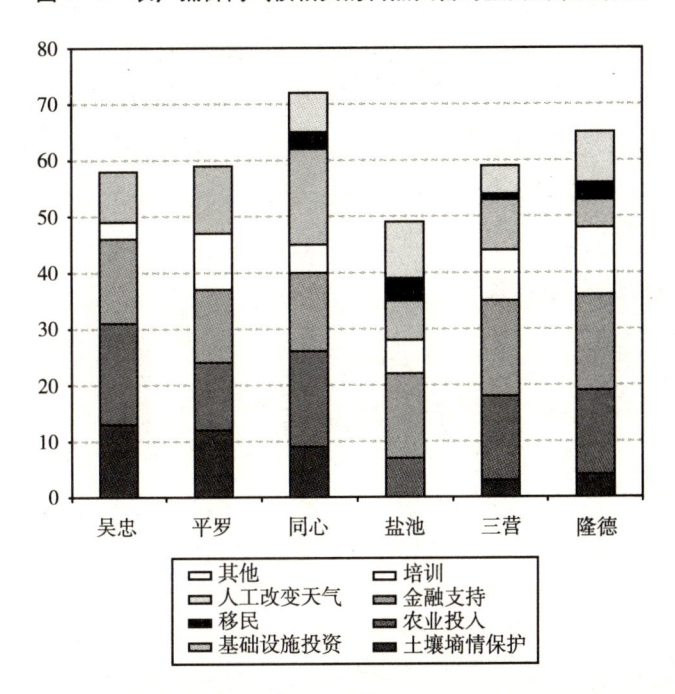

图 4-10 希望能够得到政府什么样的帮助应对气候相关的自然灾害

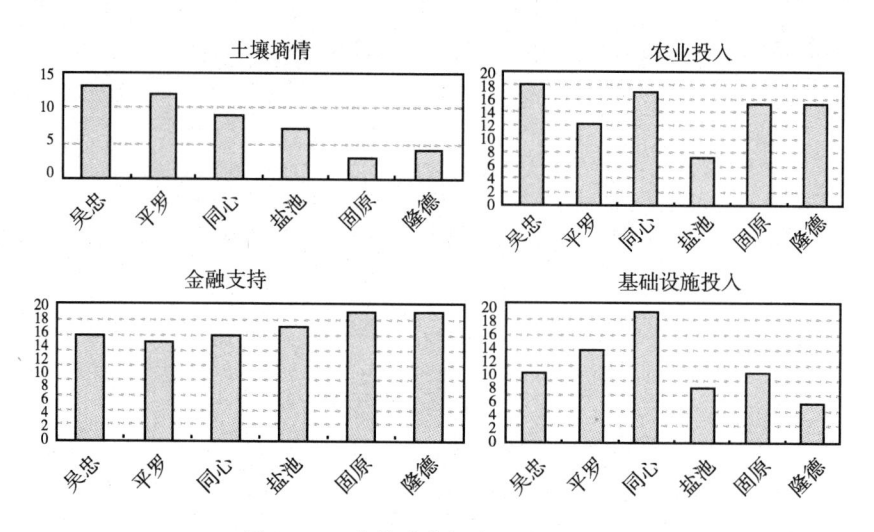

图 4-11　有关政府帮助更详细的图示

进一步分析图 4-9 和图 4-10、图 4-11，我们发现，在图 4-10 中灌区的更高比例的农户认为灌溉基础设施运行不良是农户抵御气候相关自然灾害的主要障碍，但是在回答希望得到政府帮助时，同改善基础设施相比，农户更希望政府提供资金资助、农资资助和实用技术；与此相对，在雨养灌溉混合农业区，较少的农户抱怨基础设施是抵御自然灾害的主要障碍，但更多农户希望政府能在今后提供灌溉基础设施应对自然灾害。产生上述结果的可能原因是灌区本身就建有灌溉基础设施，因而农户更希望得到其他方面的帮助，而干旱雨养农业区农户没有灌溉基础设施，所以很希望政府能够兴修水利设施。

4.4　讨论和对结果的解释

我们的调查结果显示，以下一些因素是决定农户是否能有效应对气候变化的重要决定力量：

- 交通；
- 地理位置；
- 农户观念；

- 教育；
- 性别；
- 当地经济发展水平。

我们可以通过固原地区三营镇和隆德县陈靳乡清凉村农户的对比来定性的说明这个问题。这两个地区都位于宁夏南部山区，仅从自然资源禀赋，包括人均土地资源和水资源占有量而言，清凉村农户都优于固原的三营镇，清凉村人均土地资源是三营镇的5倍，清凉村地表水资源丰富，三营镇主要依靠地下水资源但其地下水含盐量较高，长期灌溉易造成土壤盐渍化，但固原三营镇的农民人均纯收入远高于隆德。分析这两个地区后我们发现：从农户自身来看，清凉村地处山区，交通闭塞，农户长期封闭，缺乏同外部的交流，且农户观念陈旧，缺乏商品经营意识和市场意识，具体表现在当地有很丰富的旅游资源"清凉寺"，如果农户观念比较灵活，完全可以利用临近"清凉寺"的便利条件发展诸如"农家乐"等形式的生态旅游业，将会极大提高当地农户收入；与此相对的固原三营镇地处交通要塞，自古以来就是"丝绸之路"必经之地，当地居民经商意识强烈，绝大多数农户都从事小商小贩等经营活动，经济条件好一些的则开餐馆、开洗车行等，这种经商活动是当地农户收入最重要的来源，因此农户已摆脱对土地的依赖，异常的气候变化（干旱、霜冻和冰雹）对其影响相对较小。在调查中我们开玩笑地说，如果将三营镇的人迁到清凉村，清凉村农户收入肯定提高非常快。对比三营镇和清凉村的妇女受教育程度以及在家庭中的地位发现，三营镇妇女大多是初中毕业且在家庭生产决策以及资源分配中具有主导地位，清凉村妇女大多是文盲而且在家庭中处于从属地位。事实上同男性相比，妇女对家庭经济收入支出更敏感，如果妇女受到较高的文化教育，她们一般会更注重对孩子的教育投资，而且家庭中孩子一般和母亲在一起的时间比较多，易受到母亲的影响，因此提高妇女受教育水平和在家庭中的决策能力从长期看不管是对家庭还是社会发展都比较有利。同时，如果隆德当地市场经济较发达，同旅游业配套的基础设施完善，地方政府对旅游业足够重视，对外充分宣传，吸引更多的游客到当地旅游，也会刺激地区经济发展，增加农民收入，提高农户应对外来风险的能力。

4.5 需要继续研究的问题

本章的调查为将来进一步的农户调查提供了很多有价值的参考信息。例如，将来农户调查中我们可以进一步分析气候变化对农户造成的经济损失；可以在更广的范围内选取更多的调查样本，有利于我们进行经济计量分析；我们可以通过大量的农户调查验证是否赤贫农户在异常气候变化中所受影响最严重、损失最大；我们可以验证是否交通、地理位置、教育、性别和当地经济发展水平在农户应对气候变化中起主要作用。

4.6 主要结论

简言之，气候变化对农业生产影响巨大。在我们的调查区域，不同的农业生产方式对气候变化的敏感性不同；最贫困的农户在气候变化中所受损失最大，较富裕农户有更大潜力应对气候变化；灌区水资源供应质量在干旱时下降，土壤保墒更难；在宁夏中部的半干旱地区（盐池、同心）农户在干旱时必须买水，因为降雨量的减少使得他们的水窖储水无法满足人畜生活用水；缺钱、缺基础设施、缺技术和缺水是农户应对与气候变化相关的自然灾害的主要障碍；交通、地理位置、农户观念、教育、性别和当地经济发展水平是农户应对气候变化的主要决定因素。

第 5 章

气候变化对陕西省粮食生产的影响

5.1 陕西省气候变化描述性分析

通过对陕西省 24 个气象台站 1951~2011 年的气象数据进行汇总平均，从平均气温、降水量两个指标的变化来反映陕西省气候条件在近 61 年里的变化情况。

5.1.1 气温

全球气候变化的主要特点就是气温升高，陕西省也不例外，1951~2011 年年平均气温呈现升高的线性趋势（如图 5-1 所示），最低气温为 1984 年的 10.31℃，最高气温为 1998 年的 12.45℃，多年平均气温为 11.31℃。由图 5-1 可以看出，温度趋势有两个大的区段，首先是 50 年代到 90 年代后期的低温期，其中 50 年代到 60 年代初期温度变化幅度不大，在平均值附近，60 年代初到 90 年代中后期气温变化幅度较大，且多低于多年平均值；其次是 90 年代末至今的高温期，1997~2010 年的平均气温达到了 12.03℃，比多年平均值高 0.72℃，而 2011 年气温又下降到多年平均值以下。虽然气温在高值之后又有下降势头，但多年间明显的升温趋势依然存在。分季节来看，春、秋两季的气温很接近，夏、冬两季的温差较大。可以看到各季节的气温呈现缓慢的升温趋势。

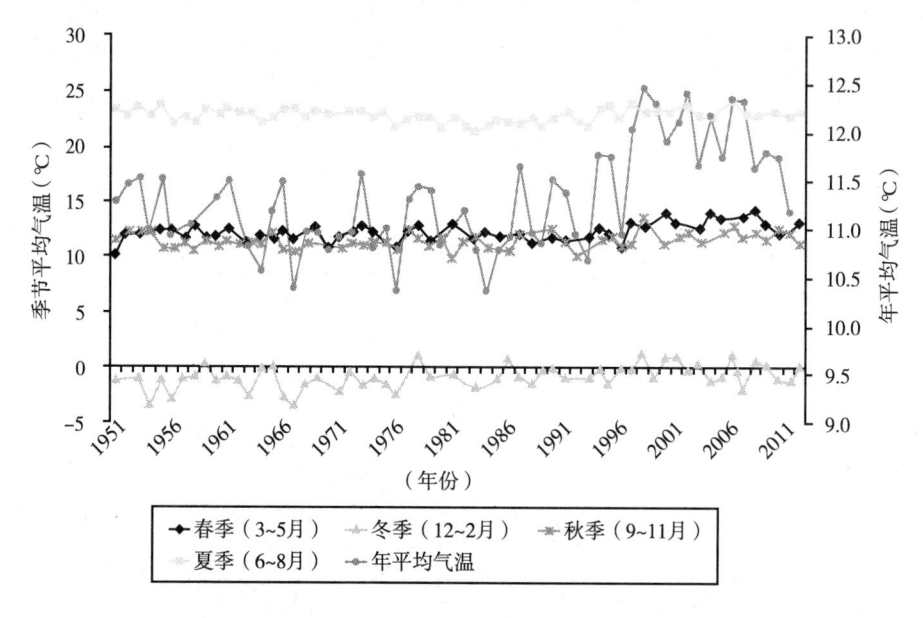

图 5-1　陕西省年际和季节平均气温（1951~2011 年）

5.1.2　降水

从多年平均降水量曲线图（如图 5-2 所示）可以看出，1951~2011 年陕西省年降水量的年际变化较大，波动中有较明显的下降趋势。61 年来降水量年平均值为 648mm，其中 1964 年降水量最多，达到 840mm，1997 年则是最少的年份，仅有 432mm。具体来看，50 年代到 60 年代中期雨量充沛，呈现增加趋势；60 年代中期到 80 年代初期降水量比较稳定，但总体的降水已经偏少；1983~1986 年出现了连续下降的现象，拉开了降水量低水平的序幕；80 年代后期到 21 世纪初期下降趋势最明显，出现了 1997 年的最低水平；2003 年之后有小幅度的增加。分季节来看，降水量从大到小依次为夏季、秋季、春季、冬季。其中夏季降水量年际变化较大；春、秋两季比较接近，但与春季相比，秋季降水量的年际变化更大；冬季降水量则比较稳定。

综上所述，陕西省气候变化和全球气候趋势一致，气温升高，降水减少，尤其是 20 世纪 90 年代到 2010 年，气温明显居于高位，而降水也大多

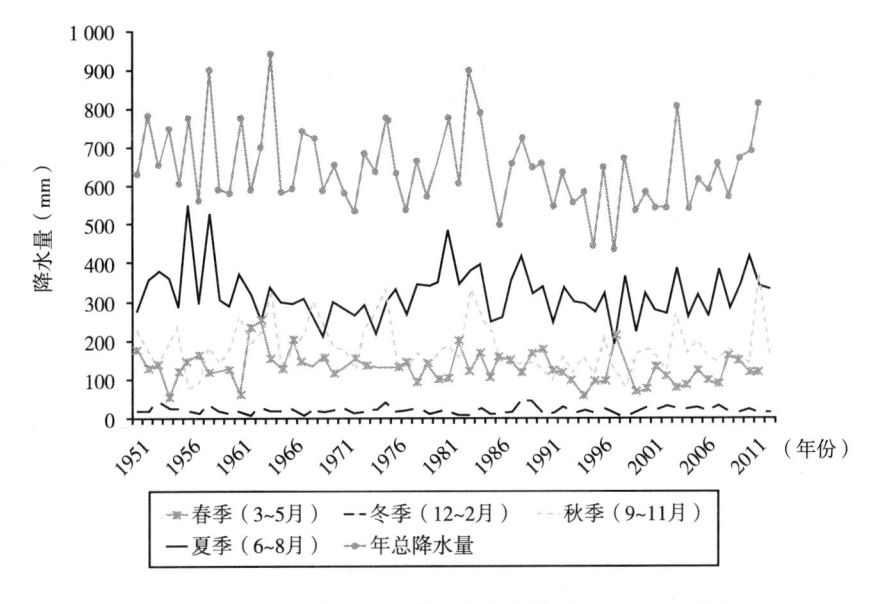

图 5-2 陕西省年际和季节累积降水量（1951~2011 年）

低于多年平均值。气候变化是一个复杂的过程，各要素之间相互影响。热量资源增加对作物生长发育的影响很大程度上受降水变化的制约，在温度升高的情况下，降水将成为作物生长的制约因素（林而达、杨修，2004）。根据上述统计分析结果，温度升高，降水减少，将会对农作物的生长产生不利影响。

5.2 陕西省粮食生产描述性分析

农业是国民经济的基础，粮食生产是基础中的基础。在陕西，粮食作物种植一直以来都是农业生产的主要方面。随着社会经济的发展，其他作物类型种植面积增加，粮食作物种植面积比重近年来有较快的下降趋势，但仍然不能改变粮食作物的基础性作用，它仍然是农业生产的重中之重，播种面积依然有绝对优势。20 世纪末之前，粮食作物种植面积一直保持在 85% 左右，近十多年来逐渐下降，2011 年为 75%，但依然是种植业的重中之重。

粮食单产是提高粮食总产量的决定性因素，据联合国粮农组织预测，未来世界粮食增产总量约80%来自单产的提高（人民网，2008）。随着科技水平的提高，生产要素投入的增加，陕西省粮食单产水平也在逐年增加。从图5-3可以看出，与全国平均水平相比，陕西省粮食单产水平仍然较低，并且差距有拉大的趋势。所以，陕西省粮食单产水平应该还有巨大的提升潜力，因此，应该加强研究力度，找出陕西省粮食单产水平的制约因素。

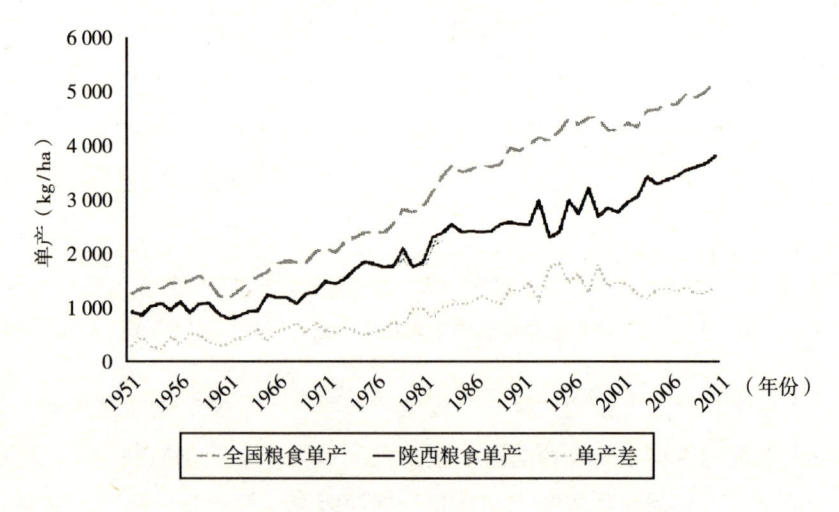

图5-3 陕西省粮食单产与全国的对比（1951～2011年）

对陕西省历年粮食单产进行 HP 滤波处理，分离出粮食单产量的趋势项和波动项。对比粮食单产水平的波动项和降水量年际变化，发现两者之间有相似性，基本上同起同落（如图5-4所示）。20世纪80年代之前，粮食单产水平和降水量之间的相关性更加紧密，而80年代后期至今有不小的偏差，这可能是农田基础设施的不断完善以及技术进步的结果。另外，由于农作物在整个生长周期内不同时段对水分的需求不同，因此，降水的季节分布对产量有着重要的影响。

综上所述，在全球气候变化的大背景下，陕西省气候条件也发生了相应的变化，气温和降水呈现逐年增加和减少的趋势，其中，降水量还表现出明显的年际变化以及本章未能统计出来的季节性变化，这些变化给农业生产带来了挑战。粮食作物种植是陕西省农业生产的重中之重，近年来，陕西省粮食单产水平逐年增加，但仍然低于全国平均水平，所以应该找出

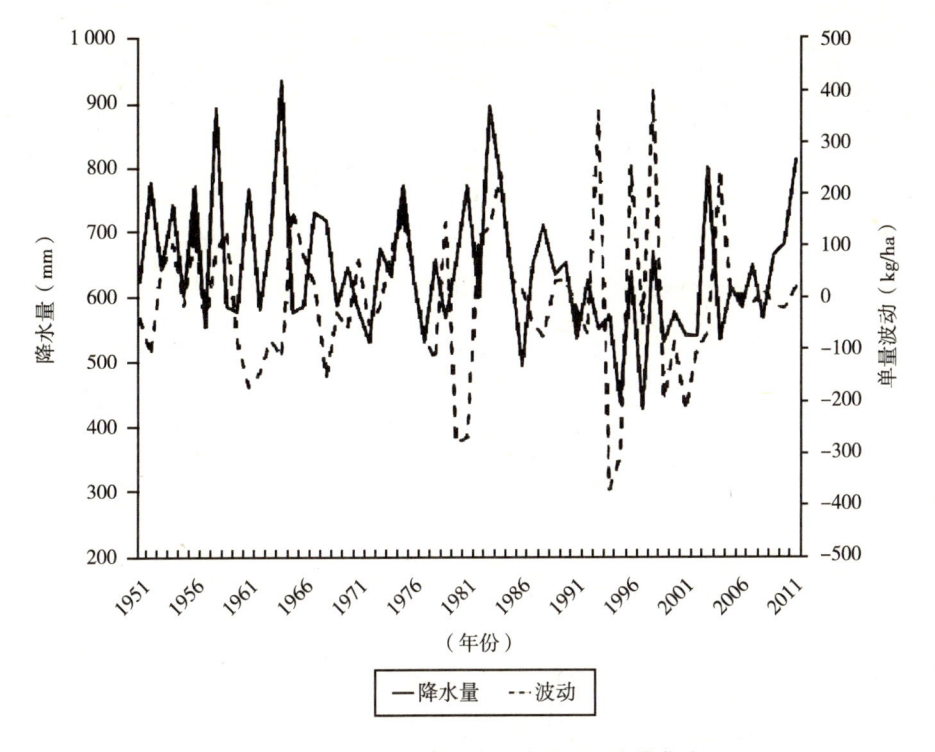

图 5-4 陕西省粮食单产波动量和降水量曲线

陕西省粮食单产水平的制约因素，提高粮食单产水平，增加粮食总产量。对比陕西省粮食单产水平波动量变化与降水量，发现两者之间存在较大的相关性，而在科技水平不断提高的今天，仍然无法控制气候因素的影响，尤其是在气候变化呼声越来越大的情况下，气候变化到底对粮食生产带来了怎样的影响。基于此，我们将结合历史数据，运用计量经济学方法分析气候变化对陕西省粮食单产水平的影响。

5.3 模型与变量

5.3.1 实证模型构建

粮食生产是自然再生产和经济再生产相结合的过程，能够综合反映粮食生产能力的指标包括粮食总产量、粮食单产以及粮食产值。从粮食安全的角度出发,我们通常重点关注粮食总产量,总产量取决于单产水平和种植面积两个要素。通常,受气候条件的影响引起粮食减产主要是由于粮食单产水平的下降,因此,气候变化对粮食生产的影响主要表现在单产水平上,所以本章拟选择粮食单产作为气候变化对粮食生产影响的衡量指标。

影响粮食单产水平的因素很多,如劳动力、化肥、机械等最基本的物质投入要素,以及种植结构、区域经济发展水平、田间管理、农田基本水利设施、制度、政策等(谢杰,2007)。然而研究中不可能把所有要素指标都纳入模型中,基于农业生产理论,借鉴已有文献研究结果,根据本章选取的粮食单产这一因变量,我们确定的影响因素主要包括:有效灌溉率、劳动力、农业机械动力、化肥使用量、制度变量、春夏秋冬四个季节的降水量和平均气温。

鉴于气候要素也是农业生产的主要投入要素,但以往的研究中均未考虑,直到叶笃正等(2006)提出在农业生产模型中考虑气候要素,构建 C-D-C 模型之后,才渐渐有学者开始进行这方面的研究。而目前的研究还很有限,且由于气候变化具有明显区域性,不同地区受到的影响程度不一,因此大尺度(全国、六大区域等)的研究不能说明特定区域的问题,由此提出的适应措施也不具有普适性。因此,需要进行特定区域的针对性研究。

本章将以 C-D 生产函数为理论依据,引入气候投入要素,构建经济—气候分析模型,即 C-D-C 模型。

其中,Y_{it} 代表第 i 个市在第 t 年的粮食单产水平,X_{itm} 代表 i 市第 m 种投入要素在第 t 年的投入量,主要有化肥施用量、农用机械总动力、农业劳动力;C 是我们最关心的气候变量,C_{itn} 代表 i 市第 n 种气候要素第 t 年的实际值,包括年平均气温、年总降水量和日照时数;I_{it} 表示 i 市第 t 年的有效灌溉率,即有效灌溉面积占总耕地面积的比例。Z_t 为制度变量;$\alpha \mid \beta_m \mid \gamma_n \mid \delta \mid \theta$ 是待估参数;ε_{it} 是随机扰动项,包含模型中未能考虑的因素的影响。

5.3.2 数据来源与处理

本章所使用的数据包括两部分。一部分是陕西省各气象台站 1999~

2011 年的气象数据,来源于中国气象科学数据共享服务网,可提供的数据是陕西省 24 个气象站点的地面气候月值数据。首先,为了得到陕西省各市月度气候数据,按站点的地域归属将气象站点归类到 10 个市,对各市内的站点数据进行汇总平均,得到各市 1999～2011 年每月的平均气温(℃)、月总降水量(mm);然后再按照季节进行汇总平均,得到各市的季度(春、夏、秋、冬)气象数据,具体做法是,3、4、5 月为春季,6、7、8 月为夏季,9、10、11 月为秋季,12 月和来年的 1、2 月为冬季。

另一部分是陕西省各市粮食生产投入产出数据,主要有各市 1999～2011 年的粮食产量和农业生产条件数据,来源于《陕西统计年鉴》(2000～2012)。为了和因变量的选择匹配,对相关自变量进行简单处理,其中劳动力、机械动力以及化肥投入均是单位粮食播种面积上的投入量,如单位粮食播种面积机械动力 = 机械总动力/粮食播种面积。有效灌溉面积是指具有一定水源,地块比较平整,灌溉工程或设备已经配套,在一般年景下能够进行正常灌溉的耕地面积,是反映我国农田水利建设的重要指标。对于单产来说,由于不同地区、不同年份的耕地面积不同,因此仅用有效灌溉面积不能很好地反映一个地区的灌溉水平,没有可比性,因此,我们用有效灌溉面积占总耕地面积的比例来衡量,即有效灌溉率 = 有效灌溉面积/耕地面积。

考虑到 2004 年全面实施粮食直补政策,以及后续的良种直补、农机具直补等惠农政策开始实施,这些政策的实施能够提高农民的种粮积极性,加大农民对农业的投入力度,选用优良粮种的意愿也将提高,这些行为将最终反映在粮食产量上。因此,考虑在模型中纳入政策变量,即 2004(含)年之后为 1,之前为 0。

5.3.3 结果分析

本章所使用数据为面板数据,面板数据包含横截面、时期和变量三维信息,与时间序列或横截面相比,面板数据包含的信息量更大,降低了变量间共线性的可能性,增加了自由度和估计的有效性。但面板数据由于存在横截面的异方差和时间序列的自相关问题,直接运用 OLS 可能会使结果失真，为了消除这些影响，采用广义最小二乘法（GLS）进行回归。

根据上述所设定的生产函数模型，基于1999～2011年陕西省各市的气象数据和粮食生产以及农业生产条件数据，运用Eviews 6.0软件进行回归分析，得出如下结果（如表5-1所示）。

表5-1　　气候变化对陕西省粮食单产影响的模型回归结果

变量	系数	t-值
劳动力	-0.320***	-3.379
化肥使用量	0.116*	1.706
机械动力	0.136*	1.884
有效灌溉率	0.004***	3.974
春季降水	0.030*	1.790
夏季降水	0.007	0.320
秋季降水	-0.047***	-3.038
冬季降水	0.047**	2.810
夏季气温	-0.063	-0.130
秋季气温	-0.331	-1.273
冬季气温	0.419***	3.505
制度	0.078**	2.446
常数项	6.536***	3.131
Adj R^2	0.862	
F值	58.222***	

注：*、**和***分别代表10%、5%和1%的显著性水平。

由表5-1可以看到，调整的可决系数为87.7%，模型整体上拟合程度较好，说明模型所选取的变量，即气候因素、投入要素以及重要的制度变量可以对粮食单产做出解释；同时F值较大，且通过了1%水平下的显著性检验，模型总体显著性水平较高，说明所选取变量总体上的影响是显著的。

（1）降水量对粮食单产的影响。水是农作物赖以生长的重要物质，离开水，农业生产将无从谈起。除了秋季，其他季节降水量增加对粮食单产均有促进作用，其中春季和冬季降水分别通过了10%和1%水平的显著性检验，秋季降水量表现出显著的负面影响，并在1%水平下通过了显著性检验。主要原因在于，秋季是收获季节，在作物收获期过多的降水会影响作物籽粒的成熟，引起作物品质的下降；耽误最佳收获期，不能及时晾晒，引起变质等，最终造成产量的下降。

（2）气温对粮食单产的影响。由于春季气温和秋季气温很接近，为了减少多重共线性，舍弃了春季气温变量。回归结果显示，除了冬季，夏季和秋季气温升高均对粮食单产有负面影响。而温暖的冬季则对粮食单产有显著的促进作用，冬季气温的升高，利于冬小麦等作物度过越冬期；冬季气温升高，霜冻事件可能会减少，减少了作物遭受霜冻的概率。

（3）化肥使用量和有效灌溉率分别通过了10%和1%水平下的显著性检验，但是化肥的产出弹性大于灌溉率。化肥每增加1个百分点，粮食单产水平将增加12%；有效灌溉率增加1个百分点，粮食单产提高0.4%。化肥的增产效果是很明显的，而化肥发挥功效需要水分做保证，因此，在干旱少雨的情况下，粮食生产受到影响，连同化肥的使用也会受到影响，双重因素的影响导致作物生长受到影响。有效灌溉面积对产量的促进作用是不言而喻的，可以调节季节性气候变化的不利影响，而目前有效灌溉率还比较低。同时，由于灌溉设施的老化失修，很多有灌溉设施的地方却没有灌溉条件。因此，灌溉设施的完善以及农业水资源管理制度的改革与创新是农村改革中的重点之一。

（4）劳动力对粮食的产出弹性为负，但不能据此得出劳动力投入与粮食单产负相关的结论，从理论上讲，即使在劳动力过剩的情况下，劳动力投入也不可能对粮食单产水平有抑制作用。这可能是由于随着农业科技水平以及农业机械化程度的提高，提高了劳动生产率，减少了对劳动力的需求。系数为负，说明农村还存在较多的剩余劳动力，并不是直接从事于农业生产，因此，要合理加快中小城镇的发展速度，实现农村剩余劳动力的转移。

机械动力通过了10%水平下的显著性检验，对粮食的产出弹性为0.136，表明机械投入对粮食单产提高有促进作用，而目前的机械化水平还不够高，需要进一步的提高。机械投入对粮食生产的促进作用表现在机械化可以实现抢种抢收。例如，种植时节机械化的高效率可以赶在降水过后利用好墒情进行及时播种，保证种子有好的出苗率，为稳定产量打下好基础；在收获时节出现频繁降雨的情况下，机械化收获提高了收获效率，避免了因品质下降和数量减少带来的产量损失。

（5）制度变量在1%水平下通过了显著性检验，且系数为正，表明制度变量对粮食单产有促进作用。2004年开始全面实施粮食直补政策，并且启动实施了农机具购置补贴、良种直补政策。这些惠农政策的实施调动了农户的积极性与投资力度，尤其是良种补贴，从源头上改变粮食作物的品种，这对粮食生产应对气候变化也是一个很好的政策导向。

综上所述，通过气候数据的描述性统计以及实证分析结果可以看出，近50年来气候变化趋势（气温升高、降水减少）给陕西省的粮食生产带来了负面影响；分季节气温看，冬季的升温将是有利的，其他季节有一定程度的负面影响，尤其是夏季，高温情况下若没有足够的降水将给农作物带来致命性的打击；分季节降水来看，降水量的长期变化趋势不是很明显，危害主要来源于降水的波动性、分布不均性。化肥对增产有显著的促进作用，但化肥的影响不是线性的，过度使用会适得其反，还会带来一系列的环境问题，而且它的功效很大程度上依赖于水分，这又再次强调了降水的重要性。在水源可以解决的情况下，灌溉设施可以减缓气候变化的影响。农用机械的充足供应也能够在不利于农作物收获和利于作物种植时实现抢种抢收，趋利避害。

5.4 适应措施建议

1. 开源与节流并重，创新农业水资源利用与管理方式

水是农业的命脉，是粮食安全的重要保障因素之一，离开水，农业生产将无从谈起，水分供给不能满足作物生长需要，最终会影响产量。回归结果显示，目前降水量的变化趋势对粮食单产有负面影响，因此，一方面，需要加强农田水利建设，提供设施保障，改革农业水资源管理制度，从硬件和软件上增强农田抗旱保收能力；另一方面，发展节水农业，提高水资源利用效率，积极探索雨水汇集技术，提高降水利用能力。

2. 培育、引进新品种，提高作物自身的气候变化适应能力

种子是作物生长的基础，它的特征决定了作物在生长周期里对外界环境的适应能力与生长表现。气温升高、降水减少的趋势将对粮食单产有负面影响，为了减少这种变化带来的影响，需要从最基础的种子着手，加大科研投入，培育出能够适应气候变化的作物新品种。

3. 调整种植结构和种植制度，积极适应气候变化

种植制度是一个地区在一定时期形成的一整套种植方式，是作物种植结构、配置、熟制与种植方式的总体（赵俊芳等，2010），是农业生产活动对自然条件适应的结果（周义等，2011）。在气候变化背景下，水、热、气、土等发生变化，一定程度上会改变原来的种植结构和种植制度。在气温升高的条件下，原有的种植时间会改变，原来较寒冷的陕北地区可能会变得适宜种植春小麦等喜温作物，可能会有一熟制。农户是种植行为主体，应根据气候变化进行积极的适应与应对，适当调整种植时间与种植方式，减缓气候变化的不利影响。

4. 加大投入，提高农业机械化程度

农用机械的投入大大提高了农业生产效率，模型结果显示，机械动力对粮食产出弹性为正。机械动力对粮食单产的贡献可能在于它的高效性能实现抢种抢收，在气候变化情况下趋利避害，避免损失。为了使机械化在提高粮食单产上发挥作用，未来还要加大农业机械科研投入力度，实现农用机械的精准化与标准化，因地施肥、施药，改变种植的盲目性，实现高效、精准农业，提高产量。

5. 推行生态农业，减缓气候变化的影响

农业既是碳汇也是碳源，尤其是在农业现代化进程中，农药、机械、化肥等发挥了重要作用，但同时也增加了农业的碳排量。对应气候变化不仅要采取各种措施去适应，还要尽可能去减缓。因此，农业要走绿色生态的道路，减少农业的碳排放量。

第6章

西南贫困山区适应气候变化资金测算

在气候变暖的大背景下,极端气候事件发生的频率增加,对环境、国民经济、农业生产和农民生活,尤其是贫困人口造成严重影响。国家环境保护部2005年统计显示,全国95%的绝对贫困人口生活在生态环境极度脆弱的西南、西北和中部地区。这些地区生态环境恶劣,水土流失严重,人均农业资源匮乏、质量差,极易受到气候变化影响,特别是西南石山和喀斯特地区人均可耕地少、土地贫瘠;西北干旱半干旱地区水资源严重不足,长期生活在这些地区的贫困人口在气候变化中受到越来越严重的影响(许、居,2009)。贫困地区从自然条件来说对气候变化非常敏感,极端气候事件旱涝灾害和自然灾害发生频率高,影响更大。气候变化对贫困地区的各个领域和生活、生计的各个方面产生了严重影响。贫困地区与生态脆弱区高度重合,贫困地区经济不发达,适应气候变化的能力相对较弱,气候变化将对给扶贫工作带来更大的挑战。为此,有必要了解掌握贫困人口在农业生产生活中适应气候变化采取的措施、遇到的障碍、需要的资金和技术等,以最大限度降低其带来的风险,帮助其应对气候变化。事实上,各级政府、民间组织和农户已经采取了适应气候变化的相关技术和措施,目前尚缺乏这方面的研究。已有的大部分研究主要侧重于预测评估气候变化对农作物产量、水资源供给等方面的直接影响,很少有研究关注气候变化农户在作物选择、种植模式和农业生产方面的适应措施和额外的资金投入。本章通过实地调查,分析贫困人口目前和未来应对气候变化所需技术及额外资金投入,为决策者提供事实依据与参考,帮助其制定适应气候变化的政策,明确贫困地区适应气候变化所需的技术和资金需求。

6.1 研究地区

中国地域辽阔,通过实地调研获取所有地区适应气候变化的资金技术数据面临巨大困难,可供替代的方法是选择重点地区进行案例研究。案例研究的地区应该是贫困人口集中,同时生态环境也脆弱的地区。基于贫困人口主要集中在生态环境脆弱的西南石山区和喀斯特地区的事实,本章选择广西田东县作为研究地区。

广西壮族自治区位于我国西南地区,总面积23.67万平方公里,占我国国土总面积的2.47%,下辖14个地级市,7个县级市,56个县,12个民族自治县,其中28个国定贫困县。2008年末拥有人口4 816万,占我国总人口的3.62%,其中农村贫困人口为298万人,占全省农村总人口比例的10%。广西地处中、南亚热带季风气候区,经常受到干旱、洪涝、低温冷害、霜冻、大风、冰雹、雷暴和热带气旋的危害,其中以干旱和洪涝最突出。图6-1是自1978年到2008年全国、甘肃和广西农作物受灾和成灾面积占农作物播种面积的变化图,1978~2008年全国农作物受灾和成灾面积占总播种面积比例的平均值分别为30.7%和15.9%,广西的这一指标分别为26%和13%,总体来看,广西农作物受灾成灾面积占全省总播种面积的比例略低于全国平均水平。

对比2008年广西和全国4个主要经济发展指标,除了城镇居民人均可支配收入广西接近全国的90%之外,人均国内生产总值和农村居民人均纯收入两项指标同全国平均水平均有一定差距,特别是农民人均纯收入2006年、2007年、2008年连续三年广西在中国大陆31个省市中均位于倒数第九位;特别是人均全社会固定资产投资指标同全国差距最大,该指标从某种程度上代表了该地区未来经济发展后劲,由此可以看出广西整体经济发展同全国平均水平相比尚有一定差距(如表6-1所示)。

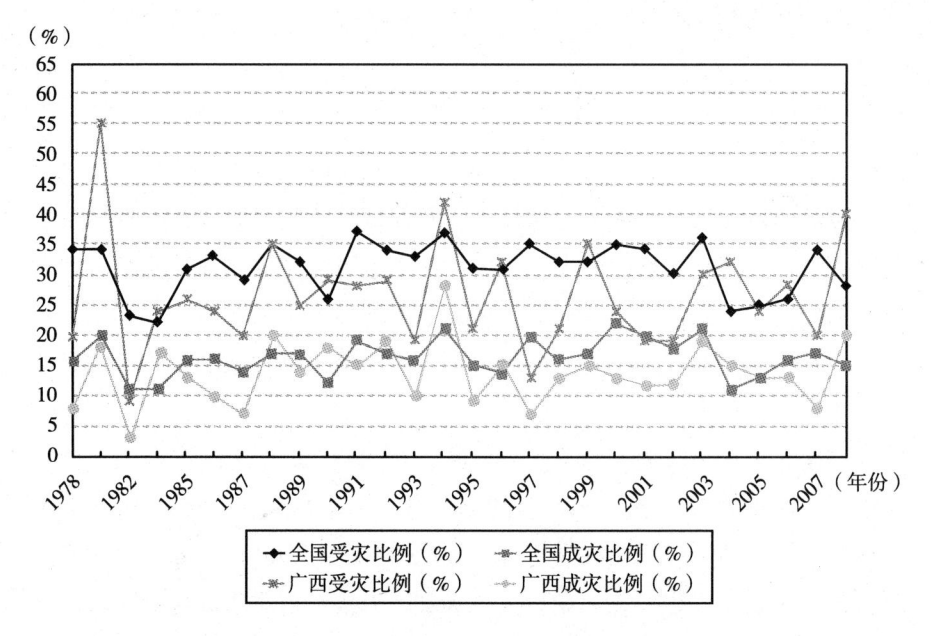

```
(%)
65
60
55
50
45
40
35
30
25
20
15
10
 5
 0
   1978  1982  1985  1987  1989  1991  1993  1995  1997  1999  2001  2003  2005  2007 （年份）

      ──◆── 全国受灾比例（%）      ──■── 全国成灾比例（%）
      ──✳── 广西受灾比例（%）      ──✕── 广西成灾比例（%）
```

图 6-1 1978~2008 年全国、广西农作物受灾成灾面积占总播种面积的比例

资料来源：依据《新中国 60 年农业发展统计汇编》整理。

表 6-1　2008 年甘肃、广西主要经济发展指标与全国平均水平比较

	人均国内生产总值（元）	人均全社会固定资产投资（元）	城镇居民人均可支配收入（元）	农村居民人均纯收入（元）
广西	14 891	7 924	14 146	3 690
全国平均	22 640	13 014	15 781	4 761
广西/全国平均（全国=1）	0.66	0.61	0.89	0.77

资料来源：依据《中国统计年鉴 2009》整理。

田东县地处广西西南部右江盆地（如图6-2所示），是一个集革命老区、少数民族地区、边境地区、大石山区、贫困地区，即通常所说的"老、少、边、山、穷"为一体的国定贫困县。田东县共有壮、瑶、苗等12个民族，是一个以壮族为主体的多民族聚居县，全县共有9镇1乡162个村（街）5个社区，其中有95个贫困村，贫困村农民人均收入1 655元（田东县扶贫办）。2009年全县总人口为41万人，其中农业人口33.2万人，占总人口的82%，农村贫困人口6.15万人，主要分布在右江河谷的南、北山区，贫困发生率为18.5%（田东县扶贫办），是全国贫困发生率3.6%的5倍多。田东县自然条件恶劣，可利用开发的资源较少，喀斯特地貌面积达1 788平方公里，在全县总面积中，石山面积为56万亩，半土半石山面积为34.9万亩，土山面积为331.4万亩，分别占全县总面积的13.25%、8.29%和78.46%。由于山区面积占了总面积的一大半，全县耕地面积为39.43万亩，人均耕地面积1.1亩，这些土地普遍贫瘠，石山地区多为石缝地，零星分散，易涝易旱，产量低而不稳，如遇自然灾害等特殊情况，农户返贫情况严重（田东县扶贫办）。

图6-2　田东县政区

6.2　调查情况概述

我们于2010年8月5～12日赴广西田东进行调研，了解调查地区贫困农户和政府机构为适应气候变化所采取的技术措施和投入的额外资金，采取的方法包括同当地政府机构人员座谈、实地考察和入户调研等方式。在第一次调研基础上，修改完善农户调查表并于2010年8月30日～

9月4日对广西田东进行第二次面接式农户调查，主要目的是深入了解农户对气候变化的认知情况、气候变化对农户的影响和已经采取的适应措施及增加的额外成本等方面。调查内容涵盖农户家庭基本情况、气候因素对不同的农业生产方式（灌溉、雨养）影响、农作物结构调整、草畜一体化、饮用水安全、集雨措施、新能源开发、生态移民、人工天气调节成本、能力建设10个部分（具体内容见附录2）。

从地理条件和经济发展水平看，田东县大体可分为贫困集中的南部石山区、经济欠发达的北部土山区和经济发展较快的中部河谷区。依据这一实际情况，农户抽样采取分层随机抽样原则，先从南部、中部和北部随机抽取一个乡镇，在每个乡镇中随机抽取农户。最终我们分别抽取了南部石山区的祥周镇陇造村陇造屯、睦群村陇彭屯，北部土山区片的那拔镇六洲村六洲屯、六鲁村4号移民点和中部河谷片的祥周镇布兵村阳光果场、模范村壮乡福地农业科技有限公司、保利村甘蔗种植基地，以及北部湾村镇银行田东支行在紫胶林场的农村金融改革试点的农户，图6-2中的小圆点标示了田东农户调查中涉及的乡镇。

2003年田东春旱、秋旱严重，2004年旱情更加严重，玉米、稻谷等主要粮食作物减产幅度较大，直接影响农户粮食安全和饮用水安全。为了减少气候灾害造成的损失，部分农户开始选用抗旱新品种，采用地膜覆盖、打井、修建更大的田间水塘（水柜）等措施应对气候变化。依据这一情况，我们确定了两个调查年份，发生旱灾的前一年（2002年）和2009年。田东调查涵盖3个乡、9个村的62个受访农户，经过数据录入、整理分析，获得有效问卷55份，采取措施农户39份，未采取措施农户16份，其中南部石山区24份，中部河谷区15份，北部土山区16份。调查资料涵盖采取措施农户和未采取措施农户，而且还包括农户发生旱灾前一年（2002年）和旱灾后（2009年）的农作物结构调整、不同农作物种植成本收益数据及畜牧业、非农产业成本投入和收入信息，为使用公共工程评估中广泛使用的倍差法（difference in differences）评价气候变化中农户采取适应措施投入的额外成本和损失利润提供了数据基础。

6.3 研究方法

本章的目标是计算出贫困人口为适应气候变化采取技术措施所需投入的额外成本和相应的利润损失。根据莫菲特的研究，令 $t=(0,1)$ 代表采取措施的时期，$t=0$ 代表采取措施前，$t=1$ 代表实施措施后；$d_i=(0,1)$ 表示农户采取措施情况，$d_i=0$ 表示农户 i 没有采取措施，$d_i=1$ 表示农户 i 采取了措施；y_{i0} 代表农户 i 没有采取措施投入的生产成本，y_{i1} 代表农户 i 采取措施投入的生产成本；α 代表采取措施农户投入的额外成本，则：

$$\alpha = y_{i1} - y_{i0}$$

但问题的关键是，对于采取措施的农户 i，只能观察到其实际成本投入水平 y_{i1}，而 y_{i0} 是观察不到的；而对于没有采取措施的农户 i，其 y_{i0} 是实际观察到的，y_{i1} 是观察不到的，即调查的农户要么采取措施，要么不采取措施（不可能同时既采取措施又不采取措施）。α 可以通过估计采取措施农户生产成本平均值与未采取措施农户生产成本平均值来获得，即：

$$E(y_{i1}|d_i=1) - E(y_{i0}|d_i=0)$$

然而，我们实际想要的是：

$$E(y_{i1}|d_i=1) - E(y_{i0}|d_i=1)$$

这里暗含的假设是，$E(y_{i0}|d_i=1) = E(y_{i0}|d_i=0)$，即实际采取措施农户 i 如果没有采取措施所投入的生产成本与实际没有采取措施农户 i 所投入的成本是完全相同的，而这一强假设只有在完全随机试验或采取措施是随机确定条件下才成立，现实中农户是否采纳措施并不是完全随机的，采纳措施的农户和未采纳措施的农户之间还是存在某些系统性差异，这一强条件在现实中无法实现。现实中广泛应用倍差法（difference in differences，DID）就是解决强假设条件不成立情况下，如何计算采取措施组和未采取措施组的差距，即评估某项政策措施实施的效果。

倍差法是为了测算某项政策改革或者是政策干预的实际效果，具体做法是将采取措施农户视为试验组，同时寻找可比的对照组。在选择对照组时必须满足两个条件，一是假定在没有项目或政策干预（气候变化）条件下，试验组和对比组农户之间有共同发展趋势；二是在未采取措施之前，试验组和对照组具有相近特征。这和要求实际采取措施农户与实际没有采取措施农户完全相同的假设条件相比相对比较宽松。在实际中，一个自然村中的农户各方面条件比较相近，发展趋势也相同，因而我们可以采用倍差法比较农户适应气候变化措施的额外资金投入。

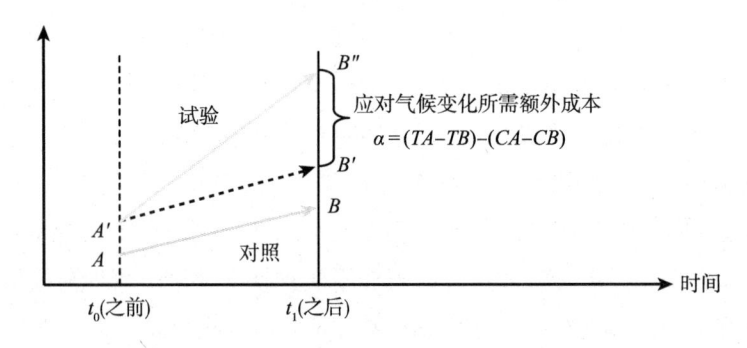

图 6-3 进一步形象说明倍差分析法的应用原理。实践应用中倍差分析法需要有两组农户和两个时期，两组农户是指采取措施适应气候变化的试验组农户和未采取措施的对照组农户；两个时期分别是采取措施之前（t_0）和采取措施之后（t_1）。我们实际观察到的情况是，对照组农户在 t_0 到 t_1 时间段内发展趋势如图 6-3 AB 箭头所示。由于试验组和对照组农户具有相同发展趋势并且采取措施农户和不采取措施农户具有相近特征，可以预计，如果试验组农户不采取措施，在 t_0 到 t_1 时间段内，将会按照图 6-3 $A'B'$ 箭头的趋势发展，而实际观察到的情况是试验组农户采取措施后的发展趋势，即图 6-3 中 $A'B''$ 箭头。采取措施适应气候变化农户投入的额外成本应该是采取措施之后 $A'B''$ 箭头和 $A'B'$ 箭头之差（图 6-3 大括号所标示）。如果用观察到的采取措施后试验组和对照组数据直接对比，得出的数据是图中 $A'B''$ 箭头和 AB 箭头之差，即 $TA-CA$，如果能够减去 $A'B'$ 箭头和 AB 箭头之差即可得出我们想要的结果，而 $A'B'$ 箭头和 AB 箭头之差可以通过采取措施前的 $TB-CB$ 获得，因此额外的成本投入等于（$TA-CA$）-（$TB-CB$）或（$TA-TB$）-（$CA-CB$）。

图 6-3 倍差分析法

田东的农户调查表明，2003年、2004年田东曾遇到严重干旱，部分农户通过种植新品种、调整农作物种植结构、改变种植农作物以及打井、采纳滴灌技术等措施适应气候变化。依据上述实际情况，我们收集了2002年（旱灾发生前一年）和2009年采取措施农户和未采取措施农户的一系列数据，这样就有了试验组和对照组采取措施前后的数据，见表6-2的TB、TA、CB和CA。用采取措施农户组2009年成本数据减去2002年的成本数据（TA-TB）可以得到随着时间趋势变化的农户应对气候变化的成本差额，没有采取措施农户组2009年和2002年成本数据之差是随着时间趋势变化的农户成本差额（CA-CB）。由于采取措施农户组和未采取措施农户组具有相同发展趋势并且农户个体特征相近，表明采取措施组和未采取措施组时间趋势变化量的数据，气候变化额外成本投入必须剔除时间趋势变化量，因此应对气候变化农户需要支付的额外成本量为采取措施前后农户成本数据之差减去未采取措施前后农户的成本数据之差，即（TA-TB）-（CA-CB），增量适应投入。

表6-2　　　　　　　　　　倍差分析法

年份	2002	2009	2009~2002
采取措施组	TB	TA	TA-TB
未采取措施组	CB	CA	CA-CB
$\alpha =$ (TA-TB)-(CA-CB)			

6.4　广西田东农户调查概述

6.4.1　调查农户基本情况

田东农户的调查数据清晰表明，南部石山区、中部河谷区和北部土山区的巨大差异（如表6-3所示）。从收入水平看，2009年河谷区农户人均纯收入最高为3 780元，石山区只有1 360元仅为中部河谷区的百分之四十，土山区在两者之间为2 050元，河谷区最富裕，南部石山区最贫困。

同 2008 年全国的农民人均纯收入水平 4 760 元相比，南部石山区仅为全国平均水平的 30%，北部土山区不足全国的 50%，收入最高的中部河谷区也只有全国水平的 80% 左右；如果和 2008 年广西平均水平 3 690 元相比，只有中部河谷区高于该数值，南部石山区和北部土山区农户均低于广西平均水平，说明广西田东在全国和广西都属于比较贫困地区。从耕地是否能灌溉来看，中部河谷区全部是灌溉农业，北部土山区是灌溉雨养混合型农业而南部石山区则是完全依赖雨水的雨养农业，涵盖了我国所有的农业生产类型。可以说无论是农业生产类型还是贫困，广西田东县都具有很好的代表性。

表 6-3　　　　　　　　　　调查农户概况

	南部石山区	中部河谷区	北部土山区
农民人均纯收入（元/年）	1 360	3 780	2 050
农业生产类型	雨养农业	灌溉农业	雨养灌溉混合
户主平均受教育程度	小学占 72%	初中占 76%	初中占 58%
人均耕地（亩）	1.1	2	1（水浇地） 4（旱地）
农作物种植种类	玉米	稻谷、芒果、香蕉、西红柿、玉米	甘蔗、稻谷、玉米
家庭生活用水	雨水	自来水	雨水和江河湖泊水
调查点距离县城距离（公里）	23	8	30

资料来源：笔者根据农户调查数据整理。

表 6-3 列出了三个地区各占其问卷比例最高的户主教育水平，南部山区农户中 72% 的户主接受了小学教育，20% 接受了初中教育，8% 未受任何教育；中部河谷区有 76% 的农户接受了初中教育，20% 的农户接受了小学教育，4% 的农户未受任何教育；北部土山区有 58% 的农户接受了初中教育，36% 的农户接受了小学教育，6% 的农户未受任何教育。相对而言，中部河谷区农户教育水平最高，北部次之，南部石山区最低。

南部石山区人均耕地面积为 1.1 亩，且全部是旱地；中部河谷区人均耕地为 2 亩，且全部是水浇地；北部土山区既有旱地又有水浇地，其中人均旱地 4 亩, 人均水浇地 1 亩。比较而言, 南部石山区人均耕地最少, 北部土山区耕地最多, 中部河谷区介于两者之间。灌溉农业区河谷地区由河流冲击而成, 地势平坦、土壤肥沃又能保障灌溉, 可以种植稻谷、玉米、芒果、香蕉、西红柿等农作物, 农业生产结构较多样化; 只能依赖降雨的雨养农业区石山区土地贫瘠仅能种植玉米, 农作物种植结构单一; 混合区土山区则介于两者之间, 可以种植稻谷、玉米和甘蔗。当出现干旱或其他异常气候事件时, 河谷区和土山区可以通过调整农作物品种, 改种其他农作物减缓气候灾害损失, 石山区农户无法通过调整结构来减少农业生产损失。

河谷区家庭生活用水是自来水, 土山区生活用水主要是雨水和自来水, 石山区生活用水主要依靠水柜收集雨水。当降雨量减少或干旱时, 河谷区农户生活用水不受影响, 土山区农户用水也能基本保障, 但是石山区水柜没有雨水造成农户生活用水困难, 需要耗费大量时间和金钱去其他地方拉水和买水。

上述分析表明, 异常的气候变化对于贫困人口中极端贫困的人口影响更大, 这些赤贫农户抗风险能力更低, 更易受到外来因素的影响。最贫困的南部石山区农户生产生活受气候影响最大、最脆弱, 出现异常气候灾害事件时所遭受的损失最大, 同时他们不具备相应知识、技能应对外来气候变化风险, 更易陷入贫困的恶性循环。

农业收入(特别是种植业收入)是田东农户收入的主体, 北部土山区近 80% 的收入来自种植业, 中部河谷区 70% 的收入来自种植业, 石山区由于耕地太少主要依赖外出打工。具体来看, 石山区农户收入主要依赖外出打工、养殖、玉米和退耕还林补贴; 土山区收入来源主要是甘蔗、稻谷、外出打工和养殖; 河谷区农户收入主要来自香蕉、芒果、西红柿、稻谷、外出打工和养殖(如表 6-4 所示)。调查点距城市的远近即地理位置对农户的收入有显著影响。河谷区距离田东县最近, 农户受教育程度相对较高, 收入主要来源于种植业、养殖业和外出打工; 与此相对, 土山区农户距离县城较远, 农户受教育程度较低, 家庭收入的 72% 来自出售经济作物(甘蔗); 石山区农户最贫困, 受教育程度最低, 所拥有的耕地面积最少, 家庭收入 50% 来自外出打工。

表6-4　　　　　　　　　调查农户家庭收入构成　　　　　　　　单位：%

地区	种粮食	经济作物和水果	养殖	经商	外出打工	家庭作坊	其他
石山区	15	0	20	5	50	0	10
河谷区	25	45	10	0	20	0	0
土山区	9	72	8	0	11	0	0

资料来源：笔者根据农户调查数据整理。

6.4.2　农户对气候变化的认知

调查表中设有专门问题了解农户对气候变化的认知情况，包括请农户选择过去十年中三个影响农业收入的主要因素、描述近年降雨量变化及其对灌溉雨养农业的影响、农作物和家畜病虫害同气候的关系以及最严重自然灾害及其影响等，表6-5总结了农户对这些问题的回答。所有农户都直观地感受到异常气候状况——降雨量减少或降雨量过多集中在某一季节对农业生产和农户生活的不利影响，而且对这种异常表示出极大的担心。在调查中，农户都提到自2004年起降雨量时间分布不均衡，春旱夏涝加剧，农业生产不同程度地受到降雨量变化的影响。灌溉、雨养和灌溉雨养混合

表6-5　　　　　　农户对气候变化及影响的认知情况

地区	降水变化情况	对农业生产影响		主要农业气象灾害变化情况	气候变化对农作物病虫害的影响	气候变化对家畜健康的影响	过去10年影响农业收入的主要因素		
		雨养农业	灌溉农业						
石山区	春旱、夏涝加剧	玉米播期推迟		干旱高温	玉米病虫害增加	家畜高热病增加	干旱	肥料价格	粮食价格
河谷区	雨水分布不均		打井应对	水灾干旱	稻飞虱和西红柿青枯病多	家畜高热病增加	洪涝、干旱	农产品销售	饲料价格
土山区	降水变少	干旱导致甘蔗减产	稻谷减产10%	干旱大风霜冻	稻飞虱和甘蔗病虫害增多	家畜高热病增加	干旱、大风、霜冻	农产品销售	肥料价格

资料来源：笔者根据农户调查数据整理。

区的农户对于气候变化对农业生产和农户生活影响的认识存在一定差异，同河谷区农户相比，石山区和土山区农户对气候异常变动更敏感，认为气候变化对其农业生产和生活影响最大，气候极端事件造成的损失最大。具体表现如下：

1. 降雨量变化对农业生产的影响

调查的所有石山区农户都谈到，自2004年起，2~3月份降雨量明显减少，6~7月份降雨量增加，春旱和夏涝都有所加剧，春旱致使玉米播种期推迟，夏涝造成玉米收获困难，平均减产30%左右。所有受访的土山区农户认为春季降雨量下降明显，导致甘蔗苗成活率较低，农户需要耗费较多的人力物力进行甘蔗补苗，同时降雨量减少造成甘蔗和稻谷产量降低，农户收入受损。然而，中部河谷区农户同石山区和土山区农户对降雨变化的认知不同，约有15%的农户认为总降雨量没变但更集中在7~8月份，引发水灾造成作物减产；5%的农户对近几年气候异常事件发生频率增加及降雨量变化不太关注；剩余80%的河谷区农户认为降雨量有所减少，但通过打井后可以减少干旱对农业生产造成的影响。

2. 影响农业生产和收入的气象灾害

不同地区农户对影响农业生产最主要的气象灾害有不同看法，80%的河谷区农户认为水灾是影响农业生产最主要的气象灾害，100%的石山区和土山区农户则认为是干旱。40%的河谷区农户认为旱灾是影响农业生产第二位的气象灾害，36%的石山区农户则认为是高温，而50%的土山区农户认为是风沙，此外33%的土山区农户认为霜冻是影响农业生产第三位的灾害。干旱是石山区经常面临的灾害，会导致玉米减产，过去十年影响石山区农业收入的主要因素中，干旱排在第一位，其次是肥料价格，第三是粮食价格。土山区农业生产主要面临干旱、大风和霜冻灾害，其耕地大部分是旱地和少量的水浇地，旱地种植甘蔗是农户收入的主要来源，水浇地种植稻谷主要用于农户自食。经常性干旱造成甘蔗和玉米减产；大风造成甘蔗倒伏，影响甘蔗出售带来农户收入损失；霜冻会造成稻谷、玉米和甘蔗减产，极端情况下甚至造成绝收。因而农户在回答过去十年影响农业收入的主要因素时，将干旱、大风和霜冻列为第一位的因素，其次是农产品，特别是甘蔗的销售，第三位是肥料价格。由于河谷区农户耕地可以灌溉，干旱时虽然农作物会减产，但农户通过打井可以缓解干旱造成的农作物减产损失，但是如果发生水灾，农作物将会大幅度减产甚至绝收。因而绝大多数河谷区农户认为水灾引起的农作物产量损失远大于干旱，过去十年影响农业收入最主要因素为洪涝和干旱，其次是农产品销售，第三是肥料价格。

3. 农作物/家畜病虫害同天气的关系

90%的调查农户认为同过去相比，农作物病虫害和家畜疫病发生率增加与天气有关。降雨集中造成稻飞虱增多和西红柿青枯病高发，雨后暴晒造成甘蔗毛毛虫多发，高温干旱造成玉米病虫害增加，农户需要加大农药用量。再来看家畜疫病，农户认为高温干旱造成生猪高热病和鸡瘟增多，而降雨集中造成羊口腔炎多发。

农户调查表明，气候变化加剧、降水时间上分布不均，造成极端干旱/洪涝事件发生概率增加，导致农作物减产和家畜病虫害高发，降低了农户收入，影响农户生计安全。不同收入水平农户在气候变化中所受损失不同，并且应对气候变化能力也有所不同，收入较高的中部河谷灌区农户可以通过调整农作物种植结构、打井和从事非农产业等收入来源多元化措施减缓气候变化对农业生产和农户生活冲击；而农业生产完全依赖天气，农作物种植结构相对较单一的南部石山区农户，能够采取的适应措施非常有限，在气候变化中所受冲击最大，农户应对气候变化能力最弱。上述情况再次证明，最贫困的人口在气候变化中所受损失最大，最缺乏应对气候变化的资金与技术，最需要支持和帮助。

6.5 田东已采取措施的成本收益分析

本节将分析为适应气候变化，田东县农户和政府采取适应技术措施的成本效益，并运用DID方法计算贫困人口为应对气候变化所需要的额外资金和造成的利润损失。为了应对气候变化、改善生态环境，田东县通过调整农业生产结构、加大生态环境建设、推广沼气等新能源、实施集雨节水抗旱工程、人工影响天气和提高能力建设等综合措施，提高贫困人口应对气候变化能力，减少由于气象灾害导致农户返贫致贫现象，具体如表6-6所示。

表6-6　　　　　　　　　田东县已经采取的适应措施

气候变化带来的影响	相应措施
干旱加剧，影响人畜饮水和农业生产	农作物种植模式调整，包括玉米、水稻、甘蔗、香蕉；集雨节水抗旱措施包括修筑水柜；农田水利设施等
暴雨增多、泥石流、滑坡等灾害易发	生态环境建设，包括生态搬迁、退耕还林、封山育林等；保护森林减少生活用薪柴，发展沼气等新能源
干旱、冰雹频率增加	人工增雨、防冰雹
直接或间接加剧贫困	贫困人群能力建设，应对气候变化的知识培训等

下面我们将分项计算这些适应措施所需耗费的额外成本：

6.5.1　农作物种植模式调整

田东县农户种植的农作物主要有玉米、稻谷、甘蔗、香蕉和芒果，在春旱加剧状况下，针对不同农作物，农户采取了不同措施和技术。具体而言，玉米主要采用地膜覆盖和种植抗旱新品种；稻谷采取抗旱新品种、地膜覆盖和打井综合措施；甘蔗种植方面只有极个别农户在甘蔗育苗时采用地膜覆盖技术，绝大部分农户尚未采取任何应对措施；多数香蕉种植农户改种西红柿应对干旱和霜冻，也有部分农户将土地出租给企业获得租金收入，同时农户可以外出打工增加收入，香蕉种植企业则通过土地集中流转实现大面积连片香蕉种植，企业采用滴灌、喷灌新技术和标准化统一管理来应对气候变化；芒果目前尚无明显应对气候变化的措施和技术，仅有个别芒果种植能人大户在政府支持下采用滴灌和喷灌新技术。

如前所述，依据 DID 分析方法，可以根据采取措施前后农户成本数据之差减去未采取措施前后农户的成本和利润数据，即（TA-TB）-（CA-CB），计算单位面积农作物适应气候变化实际需要的额外资金投入和气候变化带来的额外利润损失。为了便于比较不同时期农作物成本效益，有必要将两个时期价格数据换算为2000年不变价，目的是消除各时期价格变动的影响，保证两个时期成本效益指标的可比性。本章利用 2001~2008 年广西消费者物价指数（CPI）对调查中价格数据进行了相应调整。同时需要说明的是，对于同一种农作物而言，采纳或不采纳某种措施，劳动投入和土地成本基本没有变化，我们关注某项措施带来的额外成本及收益，因此计算中将土地、劳动投入略去。如果农户由某种农作物改种其他农作物，则计算劳动投入的变化。

1. 玉米成本效益分析

调查中，有 90% 的农户都种植玉米，自 2004 年干旱发生后，有约 40% 的农户种植抗旱新品种并采用地膜覆盖技术，其余 60% 的农户还是用当地老品种采用传统耕作方式种植。表 6-7 列出了按照 2000 年不变价计算得出的采取措施农户和未采取措施农户 2002 年和 2009 年每亩玉米种植的成本效益数据。

表 6-7　　玉米单位面积成本收益（2000 年不变价）　　单位：元/亩

项目	玉米			
	2002 年		2009 年	
	未采取措施（CB）	采取措施（TB）	未采取措施（CA）	采取措施（TA）
播种面积（亩/户）	3.2	5.6	2.6	4.7
主产品产量（公斤/亩）	180	200	100	220
主产品价格（元/公斤）	1.4	1.4	1.5	1.5
总产值	252	280	150	330
主产品产值	252	280	150	330
副产品产值	0	0	0	0
生产成本	40	50	35	105
农膜费	0	0	0	40
种子费	5	5	5	15
化肥费	35	45	30	50
农药费	0	0	0	0
机械费	0	0	0	0
净利润（元）	212	230	115	225
成本利润率（%）	530	460	329	214
政府补贴	0	0	67	77

资料来源：笔者根据农户调查数据整理。

同 2002 年相比，不论是采取措施组还是未采取措施组，2009 年净利润都有所下降，采取措施农户组的利润由 230 元下降为 225 元，未采取措施组由每亩 212 元降至 115 元，每亩玉米的净利润 =（225 - 230）-（115 - 212）= 92 元。采取措施组农户每亩玉米成本投入由 2002 年每亩 50 元增至 105 元，而未采取措施农户组成本则由 40 元降至 35 元，采用新技术玉米需要额外增加的成本 =（105 - 50）-（35 - 40）= 70 元。换算成 2009 年的现价，我们最关注的农户为适应气候变化，每亩需要额外投入 87.5 元，获得利润为 115 元，说明如果采取新品种加地膜覆盖虽然会增加生产成本投入但是相应会带来收入，两者相抵后每亩能给农户带来净收入 27.5 元。2009 年田东县玉米播种面积 18 万亩，其中地膜覆盖玉米 18 600 亩（田东农业局，2010），地膜覆盖玉米已经投入额外资金 162.75 万元，能够得到利润 213.9 万元，该项措施的净收益为 51.15 万元。

对比 2002 年和 2009 年数据，未采取措施组玉米产量下降明显，由 180 千克降至 100 千克，下降了 45 个百分点；与此相对，采取措施组产量由每亩 200 千克上升为 220 千克，上升了 10 个百分点，表明采用玉米抗旱新品种和地膜覆盖综合措施能够实现抗旱增产目标，是非常有效地适应气候变化的措施。未采取措施农户预期干旱会造成玉米产量下降，会相应减少成本投入，采取措施农户为了获得更高的玉米产量需要购买农膜和更多的化肥，其成本投入会相应增加。值得注意的是，对农户而言，种植玉米的成本利润率最高可达 530%，最低仍为 214%，相当于投资 1 元钱种玉米最高可获得 5.3 元的回报，在不考虑政府补贴情况下，最低仍能获得 2.14 元回报，当加上政府补贴时，农户投资 1 元钱种植玉米所获得的回报是 2.88 元。由于玉米种植成本利润率非常高，三个区域的农户都种植玉米，对最贫困的以玉米作为主要口粮的石山区农户而言，玉米具有特殊的重要意义。受自然环境和土壤条件限制，石山区农户只能种植玉米，出现干旱玉米减产时，将直接危及石山区农户口粮。由于玉米的特殊重要性，政府和农技推广部门近几年大力向农户推广新品种玉米地膜覆盖技术，地方财政出钱对新品种玉米每亩补贴 10 元种子费，石山区部分农户已经采纳地膜覆盖技术种植新品种玉米，和传统玉米品种相比，新品种玉米产量更高、抗旱性能较好，同时也需要更多的资金投入。

此外，两组农户玉米播种面积都有所下降，究其原因是石山区部分土地土壤层太少，石漠化趋势明显，为了保护生态环境防止石漠化扩大，只能改种竹子或苏木，本章将在生态建设部分分析竹子、苏木的成本效益。

2. 水稻成本效益分析

为应对干旱，所有农户都通过打井来保证水稻灌溉用水，此外，调查中约80%的水稻种植户都采用水稻育苗地膜覆盖技术，剩余20%农户未采用该技术。表6-8列出了两组农户在2002年和2009年稻谷种植成本效益平均数据。

表6-8　　　　水稻单位面积成本收益（2000年不变价）　　　单位：元/亩

项目	稻谷			
	2002年		2009年	
	未采取措施（CB）	采取措施（TB）	未采取措施（CA）	采取措施（TA）
播种面积（亩/户）	2.5	4.5	2.5	4.5
主产品产量（公斤/亩）	350	400	300	380
主产品价格（元/公斤）	2.0	2.0	2.05	2.05
总产值	700	800	615	780
主产品产值	0	0	0	0
副产品产值	0	0	0	0
生产成本	260	290	355	415
农膜费	0	0	0	30
种子费	40	40	50	50
化肥费	100	120	105	130
农药费	90	100	110	115
打井费	0	0	50	50
排灌费	30	30	40	40
净利润	440	510	260	365
成本利润率（%）	169	176	73	87
政府补贴	0	0	65	65

资料来源：笔者根据农户调查数据整理。

按照2000年不变价计算，2009年采取措施农户组每亩稻谷生产成本和利润分别为415元和365元，未采取措施农户组上述指标分别为355元和260元；2002年采取措施组稻谷成本和利润分别为290元/亩和510元/亩，未采取措施组成本和利润分别260元/亩和440元/亩。采取地膜覆盖措施，农户每亩额外成本支出＝（415－355）－（290－260）＝30元，农户利润增加＝（365－260）－（510－440）＝35元。换算成2009年现价，同不采取任何措施相比，采纳措施后每亩将增加成本37.5元，同时带来每亩43.75元的利润，相当于采取措施农户每亩可以获得6.25元净收益，单纯从经济效益看，该项技术比较有效。2009年田东县稻谷种植面积为24万亩，其中21.5万亩采用地膜覆盖和打井相结合综合措施，共需要额外成本投入806.25万元，同时会带来940.625万元利润，该项措施的净收益约为135万元。

同2002年相比，2009年两组农户稻谷产量都有所下降，而成本有所上升，稻谷平均减产10%，成本平均上升40%。稻谷是当地居民主食，干旱造成稻谷减产时，为了维持粮食安全，农户的理性选择是通过打井、地膜覆盖以及增加化肥农药等生产成本投入来维持稻谷产量，从而造成生产成本上升。

3. 甘蔗成本效益分析

甘蔗是田东县种植面积最大的农作物，甘蔗大面积集中在土山区，主要生长在山坡旱地，没有灌溉完全依赖降雨，因而甘蔗生长对气候，特别是降雨非常敏感。农户调查显示，16户土山区农户中只有2户采取甘蔗育苗地膜技术，绝大多数农户未采取任何措施。表6-9列出了每亩甘蔗种植的成本效益数据，与2002年相比，不论是采取措施组还是未采取措施组，2009年成本都有所下降。

按照2000年不变价，采取措施组成本由每亩615元下降为570元，未采取措施组由每亩600元下降为475元，每亩甘蔗需要额外增加的成本＝（570－615）－（475－600）＝80元。与成本下降相反，甘蔗净利润有所上升，采取措施组由435元/亩上升为630元/亩，未采取措施组则由366元/亩上升为525元/亩，每亩甘蔗的净利润＝（630－435）－（525－366）＝36元。换算成2009年的现价，适应气候变化每亩甘蔗需额外投入成本100元，与此同时将带来45元/亩的利润。2009年田东县甘蔗种植面积是38万亩（田东农业局，2010），如果都采取地膜覆盖技术，则需要额外的资金投入3 800万元，利润增加为1 710万元。

表6-9　　　　　甘蔗单位面积成本收益（2000年不变价）　　　　单位：元/亩

项目	甘蔗			
	2002年		2009年	
	未采取措施（CB）	采取措施（TB）	未采取措施（CA）	采取措施（TA）
播种面积（亩/户）	12	8	12	8
主产品产量（公斤/亩）	4 600	5 000	4 000	4 800
主产品价格（元/公斤）	0.21	0.21	0.25	0.25
总产值	966	1 050	1 000	1 200
主产品产值	966	1 050	1 000	1 200
副产品产值	0	0	0	0
生产成本	600	615	475	570
农膜费	0	0	0	20
种子费	270	280	215	270
化肥费	250	265	200	210
农药费	80	80	60	70
机械费	0	0	0	0
净利润	366	435	525	630
成本利润率（%）	61	70	110	110

资料来源：笔者根据农户调查数据整理。

未采取措施组甘蔗产量下降明显，由每亩4 600千克降至4 000千克，采取措施组产量则由每亩5 000千克下降为4 800千克，说明地膜覆盖技术能够有效降低甘蔗减产幅度。由于农户预期春旱会造成甘蔗产量下降，因而会相应减少成本投入，未采取措施组和采取措施组的甘蔗生产成本分别下降了21个百分点和7个百分点。对于未采取措施农户，预期产量下降幅度要大于采取措施组，其愿意投入的农资成本将明显低于采取措施组，因而两组农户成本下降幅度存在较大差异。相比于2002年，2009年甘蔗成本利润率上升较快，农户愿意大面积种植甘蔗，甘蔗是田东县播种面积最大的农作物（田东农业局，2010）。

4. 香蕉成本效益分析

如前所述，调查中香蕉种植农户主要采取两种方式应对春旱和霜冻加剧情况，一是改种秋冬季蔬菜西红柿；二是将香蕉地转租给专门经营香蕉的公司企业。

自 2008 年以来，由于春旱和霜冻的加剧，严重影响香蕉产量和品质，部分香蕉种植农户秋季改种西红柿，每亩西红柿带来的利润是香蕉的 2 倍，自 2009 年起大部分香蕉种植户都放弃香蕉改种西红柿。表 6 - 10 数据表明，每亩西红柿带来的利润比香蕉高出 2 420 元，但是，种植西红柿需要投入更多生产成本，每亩西红柿投入的成本比香蕉投入的成本高出 1 280 元。即香蕉改种西红柿额外成本投入是 1 280 元/亩，获得的利润是 2 420 元/亩，两者相比，收益远大于支出，为追求更高收益，大部分农户都会选择改种西红柿。2009 年田东县共有 5 000 亩香蕉改种西红柿，额外投入的成本为 640 万元，获得的利润为 1 210 万元。需要注意的是，2010 年春，由于北方受冷空气影响，运输不畅通，加之干旱影响西红柿的产量和品质，使西红柿严重滞销，呈现一段时间的无人收购局面，经济损失较大。今后需要开发抗旱新品种西红柿并且保障西红柿物流通畅。

表 6 - 10　　　　　　　　香蕉、西红柿成本收益　　　　　　　　单位：元/亩

项目	香蕉（2008 年）	西红柿（2009 年）
播种面积（亩/户）	3.3	3.3
主产品产量（公斤/亩）	1 500	5 000
主产品价格（元/公斤）	2.2	1.4
总产值	3 300	7 000
主产品产值	3 300	7 000
副产品产值	0	0
生产成本	1 230	2 510
人工费	250	1 000
农膜费	130	60
种子费	200	350
化肥费	300	800
农药费	50	300
水费	300	
净利润	2 070	4 490
成本利润率（%）	168	179

资料来源：笔者根据农户调查数据整理。

种植香蕉需要人工较少，农户在种植香蕉过程中还可以外出打工，而种植西红柿需要投入大量人工，农户无法外出打工，少部分农户为了外出打工将土地租给香蕉种植企业，既有打工收入又有土地租金。例如，我们调查的模范村壮乡福地农业科技有限公司，通过承租农户土地，采用滴灌、喷灌技术大规模种植香蕉，取得了较好经济效益。

表 6-11 列出了该公司采用滴灌、喷灌技术所需的固定资产投资。首先需要村或乡出资 12 万元打一眼保障灌溉面积 800 亩左右的深水井，同时还需购买硬管、黑管、抽水机，此外还需要修建 800 立方米的积水塘用于蓄积井水，保障滴灌用水。经计算，每亩滴灌、喷灌设备固定资产投资 1 280 元，目前该公司滴灌种植香蕉面积为 600 亩，喷灌为 200 亩，合计固定资产投资为 100 万元。表 6-12 对比了采用喷灌、滴灌技术和农户常规种植条件下香蕉的成本收益。香蕉采用滴灌和喷灌技术种植，每亩分别比农户常规种植多获得利润 4 441 元和 1 544 元。同常规农户种植相比，600 亩滴灌和 200 亩喷灌所带来的利润分别为 267 万元和 30 万元。

表 6-11　　　　　　　　喷灌与滴灌技术固定资产投资

固定资产投资	喷灌	滴灌
公司（元/亩年）	1 266	1 269
硬管（元/亩）	4 500 元/5 年	4 500 元/5 年
黑管（元/亩）	90 元/6 年	108 元/6 年
抽水机（元/亩）	7 000 元/20 年	7 000 元/20 年
积水塘（元/个）	12 000 元/15 年（可保障灌溉 800 亩）	12 000 元/15 年（保障灌溉 800 亩）
村/乡		
深水井（眼）	12 万元/15 年（可保障灌溉 800 亩芒果）	12 万元/15 年（可保障灌溉 800 亩芒果）
总投资成本（元/亩）	1 276	1 279

资料来源：笔者根据田东调查数据整理。

表 6-12　　　　　　不同技术措施下香蕉成本收益数据　　　　　　单位：元/亩

	喷灌	滴灌	农户种植
主产品产量（公斤/亩）	2 000	3 000	1 500
主产品价格（元/公斤）	2.8	2.8	2.2
总产值	5 600	8 400	3 300
主产品产值	5 600	8 400	3 300
副产品产值（元/公斤）	0	0	0
生产成本	1 736	1 639	980
农膜费	0	0	130
种苗费	200	200	200
化肥费	200	100	300
农药费	60	60	50
水费			300
固定资产投入	1 276	1 279	
净利润	3 864	6 761	2 320

资料来源：笔者根据田东调查数据整理。

5. 芒果成本效益分析

芒果种植急需解决的问题是，在芒果授粉期消除台风、下雨、冰雹等造成的授粉干扰。芒果一般种植在河流溪谷周围的山坡地，需要修建小水塘，便于抽取河水保障芒果灌溉，虽然干旱会影响芒果生长，但是农户可以通过增加灌溉次数应对，但是台风、下雨、冰雹等气象灾害会影响芒果授粉。当芒果授粉受到影响后，芒果的产量和品质都会下降，正常而言，一株成熟芒果树可以结果 40 千克，当授粉受到干扰时，只能挂果 5 千克甚至不挂果。为了避免授粉影响，农户可以通过花期喷灌、滴灌以及摘花等措施避开台风、下雨、冰雹，但喷灌、滴灌以及哪些花梢该摘？哪些不该摘？什么时候摘？这需要较高的技术和知识技能。如果缺少这方面的技术，则很难施行，而且也需要较多的人工，农户基本不具备这样的条件。值得注意的是，目前田东有极个别芒果种植大户，在政府支持下进行芒果滴灌、喷灌技术试验摸索。经过几年实践，在同样遭遇台风、下雨、冰雹等情况下，芒果产量保持了较高水平，喷灌芒果产量可达每亩 1 500 千克，滴灌产量为 2 000 千克,同时芒果质量也比较优良,市场价格相对较高。

表 6-13 列出了采用喷灌、滴灌技术所需的固定资产投资。首先需要村或乡出资 12 万元打一眼保障灌溉面积 800 亩左右的深水井,同时农户需要每亩投入约 660 元用于购买硬管、黑管、抽水机和修建积水塘。因此,对于喷灌、滴灌,每亩固定资产投资约为 680 元。

表 6-13　　　　　　　　喷灌滴灌技术固定资产投资

固定资产投资	喷灌	滴灌
农户（元/亩年）	665	668
硬管（元/亩）	2 000 元/10 年	2 000 元/10 年
黑管（元/亩）	90 元/6 年	108 元/6 年
抽水机（元/亩）	7 000 元/20 年	7 000 元/20 年
积水塘（元/个）	3 000 元/15 年	3 000 元/15 年
村/乡		
深水井（眼）	12 万元/15 年（可保障灌溉 800 亩）	12 万元/15 年（可保障灌溉 800 亩）
总投资成本（元/亩）	675	678

资料来源:笔者根据农户调查数据整理。

表 6-14 对比了采用喷灌、滴灌技术种植芒果的成本和收益情况。比较而言,滴灌技术下,每亩芒果产量比喷灌技术高 500 千克,而每亩成本却比喷灌低 627 元或更高,滴灌的成本利润率为 200%,而喷灌只有 53%。事实上,喷灌和滴灌所需固定资产投资基本相同,滴灌技术更省肥、省水、省农药,同样情况下,滴灌所需化肥、农药投入是喷灌的一半,所需要水量不足喷灌的一半。不论是经济效益还是环境效益,滴灌技术都优于喷灌技术。

表 6-14　　　　　　　　芒果单位面积成本收益　　　　　　　　单位:元/亩

	喷灌	滴灌
主产品产量（公斤/亩）	1 500	2 000
主产品价格（元/公斤）	2	2
总产值	3 000	4 000
主产品产值	3 000	4 000

续表

	喷灌	滴灌
副产品产值（元/公斤）	0	0
生产成本	1960	1333
防虫成本	80	80
种苗费	200	200
化肥费	800	400
农药费	320	150
电费	100	40
固定资产投入	460	463
净利润	1 040	2 667
成本利润率（%）	53	200

小结

依据农户调查数据，本节详细测算了田东县主要农作物玉米、稻谷、甘蔗、香蕉和芒果适应气候变化措施技术所需的额外成本投入和额外净收益。总体而言，田东县为了应对气候变化，农业生产结构调整所耗费的额外成本为1 711.4万元，获得净收益为2 662.525万元，两者相比收益大于成本，表明应对气候变化措施技术经济上是可行的（如表6-15所示）。2009年田东农业人口是33.2万，平均每个农业人口支付的额外成本为51元，获得净收益为80元。

表6-15　　农作物结构调整成本收益（2009年现价）

农作物		每亩额外成本（元/亩）	每亩额外利润（元/亩）	总成本（万元）	总收入（万元）
玉米		87.5	115	162.75	213.9
稻谷		37.5	43.75	806.25	940.625
甘蔗		100	45		
香蕉	改种西红柿	1 280	2 420	640	1 210
	喷灌	1 280	1 544	25.6	30
	滴灌	1 280	4 441	76.8	267
合计				1 711.4	2 662.525

6.5.2 生态建设

田东县极强度石漠化面积 2 644.8 公顷，占全县面积的 9.8%，主要分布在南部石山区，涉及人口 10 多万人。多年来，田东县通过异地搬迁安置、退耕还林和封山育林等综合措施，不断加大石漠化治理力度，加强生态环境建设，石山区生态环境得到一定改善。

1. 生态移民

调查中共有 12 个生态移民户，这些农户都是由生态环境恶劣、地理位置偏远的石山区分别搬迁至条件较好的土山区和距离城市更近的石山区。农户搬迁的原因主要是由于原来居住地区水土流失严重、石漠化加剧，已经不适宜人类居住。12 个生态移民户中，有 5 户于 1998 年迁入土山区，剩余 7 户于 2000 年迁入条件相对较好的石山区。生态移民的重置成本主要包括房屋和水柜建造，按照 2009 年现价，房屋修建需要投入 3 万元，水柜修建需要 1 万元。在不考虑其他因素的情况下，每户生态移民的总成本是 4 万元，田东县目前已经搬迁的生态移民合计 1 523 户、7 405 人，累计投入资金 6 092 万元。预计未来尚需搬迁 2 600 户、1.26 万人，按照每户 4 万元标准，尚需投入 1.04 亿元（如表 6-16 所示）。

表 6-16　　　　　生态移民成本概算（2009 年现价）

项目	2009 年	2020 年（规划）
每户生态移民成本（元/户）	40 000	
房屋建造（元）	30 000	
水柜建造（元）	10 000	
生态移民总数量①（户）	15 231	26 001
生态移民总成本（万元）	6 092	10 400

资料来源：①田东县扶贫办；其余数据来自农户调查。

2. 退耕还林

自 2002 年以来，田东县累计实施退耕还林面积 27.5 万亩，政府累计对农户补贴 5.06 亿元。针对南部石山区生态恶劣、石漠化程度较高的实际情况，优先安排石山区农户退耕还林，以竹子和苏木套种为主，石山区农户山地都种植了竹子和苏木。

虽然苏木经济效益很高，但是成活率较低，调查显示苏木尚未产生效益，表 6-17 列出的竹子和苏木的成本收益主要是针对竹子。平均而言，每个农户有 8 亩左右的退耕还林田。竹子成活率较高，种植三年后可以在市场出售，每亩能带来 390 元纯收入。单纯从经济角度讲，竹子种植每亩只需要投入 60 元种苗费，不需要耗费太多人工，土地机会成本几乎为零，也不需要化肥、农药投入，每亩 390 元的纯收益非常高，农户种植竹子的积极性非常高。目前，田东县以竹子为主的生态林面积达到 17 万亩，所需种苗费用为 1 020 万元，带来纯收入 6 630 万元。竹子和苏木套种生态效益更高，可以涵养水源防止水土流失，对恢复当地生态平衡和改善生态环境质量发挥了重要作用。随着植被覆盖率的提高，可有效减轻洪涝、泥石流、干旱、滑坡崩塌等自然灾害危害，有利于保护农田、交通、村庄，保护人民群众生命财产安全。

表 6-17　　　　　　每亩竹子苏木成本收益情况　　　　　单位：元/亩

项　目	竹子（套种苏木）
种植面积（亩/户）	8
总产值	450
主产品产量（竹子，公斤/亩）	1 500
主产品价格（竹子，元/公斤）	0.30
副产品产量（苏木，公斤/亩）	
副产品价格（苏木，元/公斤）	
生产成本	60
种苗费	60
化肥费	0
农药费	0
净利润	390
政府补贴	230

资料来源：笔者根据农户调查数据整理。

3. 封山育林

田东县将每年 250 万元国家级森林生态基金，以封山育林的方式治理条件较差、生态比较脆弱、人工更新难度较大、交通不便的林地，累计投入资金 2 500 万元。同时为了巩固封山育林成果，实施人工种草圈养山羊，鼓励农户种植银合欢、山毛豆和多年生牧草，将原来山羊放养改为圈养方式。农户调查表明，羊舍改造成本每平方米是 300 元，圈舍约 30 平方米，改造成本为 900 元，可饲养约 10 头羊，将圈舍改造成本计入养羊生产成本后，羊的纯收入是 80 元/头，10 头羊的总收入为 800 元。目前实施羊舍改造农户 3 500 户，改造圈舍资金投入 315 万元，牧草种植投入 250 万元，带来纯收入 280 万元。

小结

为改善生态环境，提高植被覆盖率，防止水土流失和石漠化，田东县采用生态移民、退耕还林和封山育林等综合措施，累计投入资金 6.08 亿元（如表 6-18 所示）。生态移民是为了保障农户基本生存，无法用经济收益来衡量，而退耕还林和封山育林的生态效益与社会效益远大于经济效益，因此本节仅测算生态建设的总投入。

表 6-18　　　　　　　　　生态建设总投入　　　　　　　　　单位：万元

项　目	累积到 2009 年
生态移民总成本	6 092
退耕还林	51 620
其中政府对农户补贴	50 600
竹子种苗费	1 020
封山育林	3 065
其中项目专项	2 500
羊舍改造 + 牧草种植	565
合计（亿元）	6.08

6.5.3 集雨节水抗旱工程

1. 家庭水柜

主要解决石山区农户人畜饮水困难问题,农户调查显示,50立方米的水柜在石山区的成本价为16 000元。为解决石山区农户饮水难问题,政府采用现金补贴方式,鼓励农户自己投工投劳修建水柜,补贴的标准是每立方米补助250元,每人享受8~10立方米补助,如果是一个四口之家,可以享受现金补助1万元。水柜补贴实施效果非常显著,极大调动了农户修建水柜的积极性。目前累计修建水柜6 349座,共计投入资金1.16亿元。

2. 地头水柜

地头水柜主要是解决河谷区和土山区农业生产灌溉用水,调查中芒果、香蕉种植都需要修建地头水柜,保障灌溉用水。河谷区和土山区水柜修建成本相对较低,平均而言,一个地头水柜农户需要投资4 000元,农户共修建地头水柜3 951座,投入成本1 580万元。

3. 打井

调查中,大部分河谷区农户都通过打井对抗干旱,平均而言,河谷区农户打井成本是1 500元/户;也有少部分土山区农户通过打井保障生活和生产用水,土山区农户打井成本是1 200元/户。河谷区打井农户为7 600户,投入成本为1 140万元;土山区打井农户为2 100户,投入成本252万,打井共投入1 362万元。

4. 病险水库加固

农田水利设施是最有效的对抗农业干旱的措施,为了保障农业灌溉,有必要对病险水库进行除险加固。田东县共有25座小型病险水库,依据田东县水利局测算,每座病险水库除险加固需要投入资金550万元,目前已完成11座病险水库加固,累计投资6 050万元,剩余14座病险水库加固尚需投入 7 700 万元，合计需要资金 1.375 亿元。

小结

集雨抗旱方面，农户主要通过修建家庭水柜、地头水柜和打井，水利部门则主要对老旧病险水库进行更新改造、除险加固，累计投入资金 2.06 亿元（如表 6-19 所示）。

表 6-19　　　　　　　　集雨抗旱工程资金投入　　　　　　单位：万元

项目	累积到 2009 年
家庭水柜	11 600
地头水柜	1 580
打井	1 362
病险水库加固	6 050
合计	20 592

6.5.4　新能源利用开发

为了减少生活烧柴，降低森林消耗量，田东县大力推广沼气，全县累计建设沼气池 35 903 座，入户率 44.1%，年可提供优质沼气 1 348 万立方米，为群众节约生活能源费 1 618 万元，每年减少森林消耗量约 2 万立方米。平均而言，8 立方米沼气池在土山区和河谷区需 3 000 元，石山区需 9 000 元，其中国家补贴 1 500 元。由于石山区沼气修建成本太高，农户积极性不高，大部分沼气池集中在土山区和河谷区。依据田东县发改局提供的数据，农户修建沼气池累计投入 1.46 亿元。

6.5.5　能力建设

1. 教育

大量研究表明教育对扶贫有显著正影响，农户受教育程度越高，应对外部冲击和风险的能力就越强，反之亦然。阿玛蒂亚森用了大量论据证明贫困的最终原因是因为"能力缺失",这种"能力缺失"导致这些贫困人口陷入赤贫的恶性循环(森,1981)。改善"能力缺失"的最有效途径是加强基础教育,提高教育质量,让贫困地区的孩子能够享受良好教育,能够和其他孩子站在同一起跑线上。但是田东县的实际情况是校舍简陋,部分学校建在存在山体滑坡和泥石流隐患的地区,由于缺乏资金,无法实现校舍搬迁。此外校舍距农户家较远,学生需要徒步1小时以上才能到达学校。当务之急是对存在安全隐患的学校进行搬迁,对简陋校舍进行更新改造,改善学校食宿条件,让路途遥远的学生能够住宿。

2. 农民技能培训

外出打工的收入对农户收入贡献非常大,是有效应对气候变化的措施。例如受气候变化影响最大的石山区,农作物种植结构单一,土地面积少,当出现干旱或其他自然灾害时,农户无法通过农业内部调整来减缓损失,外出打工是农户唯一的选择,反映在农户家庭收入构成中,外出打工收入占家庭收入的50%。如果农户没有任何技术,外出打工只能从事搬运、建筑等低端职业,月收入300~800元,仅能维持生计。相比而言,汽车修理等技术性工种收入是非技术人员的3~5倍。自2000年开始,田东县政府每年出资,进行为期3个月的汽车修理等技术性工种培训,培训人数为300~500人,政府给每人补助1500元用于食宿。截至目前,累计进行就业技能培训4613人,总投入692万元。

3. 实用种养加技术培训

自2000年起,田东县对农户进行实用种养加技术培训,例如,甘蔗、芒果、香蕉种植技术,生猪、肉羊等家畜养殖技术,玉米稻谷抗旱技术,秋冬季蔬菜种植技术等。培训每人每天实际成本50元,政府补助20元,累计培训农民65 661人,投入成本328万元。

6.5.6 人工影响天气

表6-20列出了田东县从2005年到2010年人工影响天气,主要是人

工增雨和防冰雹的次数和每次的成本。

表 6-20　　　　　　　　人工影响天气的频率和成本

项目 年份	人工增雨次数 （次）	防冰雹次数 （次）	人工增雨成本 （元/次）	防冰雹成本 （元/次）	总成本 （万元）
2005	6	2	13 500.00	16 000.00	11.3
2006	7	3	13 500.00	16 000.00	14.25
2007	7	2	14 300.00	16 500.00	13.31
2008	9	3	14 300.00	16 500.00	17.82
2009	8	2	15 000.00	17 000.00	15.4
2010	12	2	15 000.00	17 000.00	21.4
合计					93.48

资料来源：田东县气象局。

为了应对气候变化，田东县通过调整农作物种植模式、生态建设、实施集雨节水抗旱工程、开发新能源、人工影响天气以及能力建设等综合措施，共计投入资金 9.87 亿元，取得显著成效（如表 6-21 所示）。

表 6-21　　　气候变化应对措施成本收益（2009 年价格）　　　单位：万元

项目	总成本	总收益
农作物种植模式调整	1 711.4	2 662.525
生态建设	60 800	6 900
集雨抗旱工程	20 592	
新能源开发	14 600	1 618
人工影响天气	93.48	
能力建设	1 020	
合计	98 816.88	

6.5.7　巩固加强现有措施

1. 农作物种植模式

为了便于计算，本书假定未来年份农作物种植面积同 2009 年相同，投入额外成本以及获得额外利润也按照 2009 年价格计算。

通过改种新品种和地膜覆盖技术，每亩玉米增加额外资金投入 87.5 元，带来的净利润是 115 元，即相当于农户每额外投入 1 元用于适应气候变化，将会带来 1.31 元的收益，说明该措施成本有效，适宜于大面积推广。2009 年田东县玉米播种面积为 18 万亩，其中 10% 为覆膜新品种玉米，如果全部采用地膜玉米，按照 2009 年价格计算，每年需要投入额外成本 1 575 万元，带来纯收益为 2 070 万元。

水稻育苗地膜覆盖技术，每亩将增加成本 37.5 元，同时带来每亩 43.75 元的利润。2009 年田东县稻谷种植面积达到 24 万亩，如果全部采用地膜覆盖技术，按照 2009 年价格计算，每年需要投入额外成本 900 万元，获得纯收益 1 050 万元。

甘蔗育苗地膜覆盖技术，每亩增加额外成本 100 元，利润增加 45 元。2009 年田东县甘蔗种植面积是 38 万亩（田东农业局，2010），如果都采取地膜覆盖技术，则需要额外投入资金 3 800 万元，利润增加 1 710 万元。

通过几年探索，滴灌种植香蕉技术已经非常成熟，已有企业进行大面积推广，与传统技术相比，滴灌技术成本收益率非常高。田东县政府今后将会大力推广滴灌技术，假设未来滴灌种植香蕉面积能够达到总面积的 10%，2009 年香蕉种植面积 10 万亩，则滴灌面积达到 1 万亩。1 万亩滴灌需要投入成本 1 280 万元，利润增加 4 441 万元。

按照我们的测算，巩固推广已有的农作物种植模式调整措施，按照 2009 年的价格计算，每年会额外支出 7 555 万元，获得利润 9 271 万元（如表 6-22 所示）。

表 6-22　　未来每年农业生产结构调整成本收益（2009 年现价）

农作物	每亩额外成本（元/亩）	每亩额外利润（元/亩）	总成本（万元）	总收入（万元）
玉米	87.5	115	1 575	2 070
稻谷	37.5	43.75	900	1 050
甘蔗	100	45	3 800	1 710
香蕉	1 280	4 441	1 280	4 441
合计			7 555	9 271

2. 生态保护

生态移民方面，按照田东县政府规划，预计未来尚需搬迁 2 600 户、1.26 万人，按照每户 4 万元标准，需投入 1.04 亿元。

田东县退耕还林面积为 27.5 万亩，每亩给农户补贴 100 元，每年农户补贴数额为 2 750 万元。此外，田东县每年有固定的国家级森林生态基金 250 万元用于封山育林。

按照田东县林业局规划，未来竹子面积将由目前的 17 万亩增至 30 万亩，增加 13 万亩竹林需要额外投入 780 万元，获得利润 5 070 万元。此外，田东县计划实施羊舍改造 9 000 户，需要投资 810 万元，具体如表 6-23 所示。

表 6-23　　　　未来生态建设总投入　　　　单位：万元

项目	总投入
生态移民总成本	10 400
退耕还林	3 530
其中政府对农户补贴	2 750
竹子种苗费	780
封山育林	1 060
其中项目专项	250
羊舍改造 + 牧草种植	810
合计（亿元）	14 990

3. 抗旱节水措施

石山区尚有 7 650 户家庭没有水柜，为解决这些农户生活用水问题尚需投入资金 1.23 亿元。

为了保障农业灌溉用水和人畜生活饮水，田东县计划在每个乡镇都兴建 100 立方米的小水库，依据田东水利局测算，每座水库投资 1 300 万元，10 个水库合计总投资 1.3 亿元。此外，尚有 14 座病险水库需要加固，需投入 7 700 万元，具体如表 6-24 所示。

表 6-24　　　　　未来集雨抗旱工程资金投入　　　　　单位：万元

项目	总投入
家庭水柜	12 300
兴建小水库	13 000
病险水库加固	7 700
合计	33 000

4. 新能源开发

未来计划推广沼气 6 000 户，每个沼气需投资 4 000 元，总投入 240 万元。

5. 人工影响天气

6. 能力建设

教育、农民技能培训、实用技术培训。

7. 危房改造

2009 年田东县尚有泥墙房、木板房及四面通风危房 10 324 户，为了减少暴雨、滑坡泥石流等对房屋的冲击和破坏，急需对这些危房进行改造。每户需要危房改造成本 2 万元，总投入约为 2.07 亿元（如表 6-25 所示）。

表 6-25　　　气候变化应对措施成本收益（2009 年价格）　　　单位：万元

项目	总成本
农作物种植模式调整	9 271
生态建设	14 990
集雨抗旱工程	33 000
新能源开发	240
人工影响天气	
能力建设	
危房改造	20 700
合计	78 201

第7章

气候变化对农户生计影响理论分析

7.1 可持续生计分析方法研究进展

可持续生计方法是一种关于发展优先次序的思考方式,可以将微观层面的生计和宏观层面的政策联系起来,并对政策制定及减贫活动发挥作用(Ashley & Carney,1999;Allison et al.,2006),为分析复杂的农村发展问题提供了一个很好的思路,在发展问题中越来越重要。它源于对贫困问题理解的加深,并以减贫和农村发展为主要目的。但随着越来越多的研究者对可持续生计方法的认可,该方法被许多不同的发展研究机构所采用,被应用到许多不同的实践中,不仅仅局限于减贫,而是注重长期的发展,如项目规划设计、食物安全、气候变化、艾滋病毒、资源保护等。

可持续生计分析方法是一种关于确定发展目标、范围和优先重点的思考方式,把人放在发展的中心(DFID,1999),包括一系列用于指导发展干预的原则、一个用于生计分析的框架、一套建立在汲取不同学科发展的经验教训基础上的工具和方法(Ashley & Carney,1999;李斌等,2004)。

生计框架是生计分析方法的主要内容之一,它是在生计及可持续生计概念基础上,为更好、更全面地使用生计方法进行问题分析而提出来的一个工具。虽然生计框架并不能包含所有的生计思想,但强调了生计方法的主要内容,能够为可持续生计分析提供一个整体的综合性的视角(Carney,2002)。不同机构和研究者纷纷基于自己对可持续生计的理解,使用不同的资产和资本构想，建立起不同的分析模型和框架。

英国国际发展署（UK Department for International Development，DFID）提出的可持续生计分析框架（如图7-1所示）是目前应用最为广泛的框架，该框架以人为中心，把农户看作在一个脆弱性的背景中生存或谋生，它强调贫困者自身的主动参与式发展。它由许多核心概念构建起来，框架将人置于脆弱性背景中生存，框架的中心是资产五边形，描述了生计资产之间的相互转换，可以实现生计策略结果，以减少家庭和社区应对冲击、趋势或季节性的脆弱性，转变结构（政府层级、私人部门或社会团体）和过程（法律、政策、文化、制度和权力关系）可以调节资本享有权，但同样也被认为是导致生计脆弱性的因素（DFID，1999）。

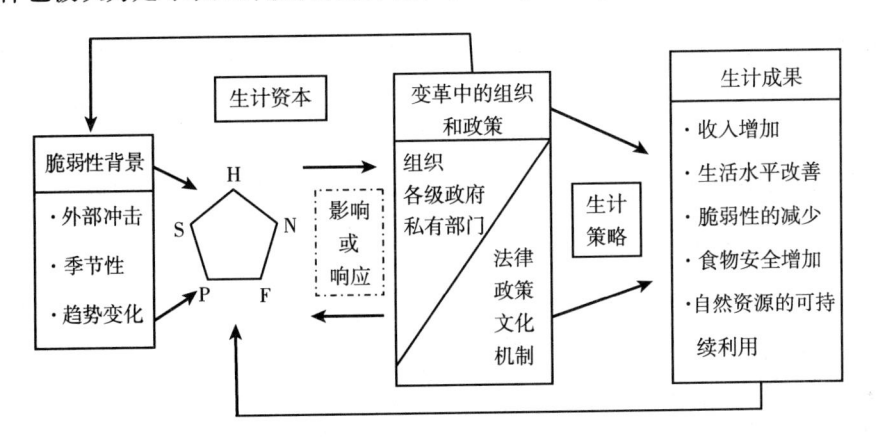

H = 人力资本，S = 社会资本，N = 自然资本，P = 物质资本，F = 金融资本

图 7-1 可持续生计框架

因此，将可持续生计分析方法运用到气候变化生计影响分析中，可以更全面、更综合地分析气候变化对处于弱势地位的农户的生计状况进行分析。

7.2 国外气候变化对农户生计影响的研究

国外学者和发展研究机构已经进行了许多研究，这些研究有许多相似之处，他们都遵循"气候变化—脆弱性—影响—适应"的分析思路,将气候变化视为一种脆弱性冲击,系统地分析气候变化对构成生计的各个方面的影响,已经和应该采取的应对及适应策略。由于农业是农民生计的主要来源,多数研究都着重分析了气候变化对农业生产带来的影响。

各研究的不同之处在于对"影响"和"适应"的不同认识。玛尔塔等(Marta et al.,2012)认为不应该将对气候变化的适应视为独立的策略,而应该看作是减贫、边缘化和减缓环境脆弱性的发展活动的一部分,尽管气候变化在地方层面上特别显著,但是不应该仅仅限于地方层面的行动,基于国家和区域层面的减贫政策及策略的综合性方法应该与主流努力相联系。纳西·拉尔(Narsey Lal et al.,2009)认为气候变化不只是环境问题,而是关注于人类生计和社会福利的发展问题,他们以美拉尼西亚为研究对象,从国家和地方层面对气候变化的经济成本进行估算。卢梅斯(LUMES,2009)以埃塞俄比亚阿尔西西部地区为研究对象,揭示了当地不同的气候变化类型对不同社会经济结构里的不同人群带来的影响。巴德赫克(Badjeck et al.,2010)认为减少气候变化脆弱性需要通过一系列的配套措施来支持,如环境资源管理;提高市场参与,促进农业集约化和生计多样化;增加社会事业以及在健康、教育和福利上的支出,增强物质和人力资本,使得市场参与有可能发生。而且,一些适应性措施也会对环境产生不利影响,进而加重未来气候变化的脆弱性,因此,应该对适应措施及其影响进行权衡决策。马亨德拉·德夫(Mahendra Dev,2011)认为农业既是产生问题的根源,又是解决问题的方法,气候变化对农业生产带来了影响,改变了农户的种植行为,同时集约化农业以及其他的一些非农活动也会影响农业生产环境。麦克道尔和赫斯(McDowell & Hess,2012)认为对气候变化的适应需要综合考虑气候压力、社会压力以及市场因素对适应措施的影响。

可以看出,由于气候变化有很强的区域性,以及各地区经济水平、民族风情的不同,气候变化对不同地区农户生计的影响程度不一。

基于以上结论,我们总结出以可持续生计分析方法为基础,气候变化对农户生计影响的分析思路(如图7-2所示)。

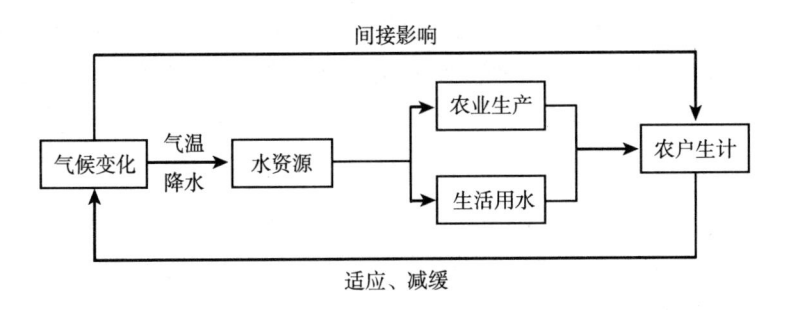

图7-2 气候变化对农户生计影响的分析思路

7.3 国内气候变化对农户生计影响的研究

由于气候变化对农业生产影响的研究所占比例较低，特别是对农户生计影响研究则更少。在中国知网上搜索"气候变化"，共有9 353条记录。对气候变化和农业进行模糊匹配搜索，共633条记录，仅占到气候变化相关研究的6.7%，主要集中在水土资源，尤其是水资源；或者是农业领域里的农业生产，气候变化对农作物产量、种植结构、种植面积等的影响。对气候变化和生计进行模糊匹配搜索，只有7条记录。鉴于"三农"问题的基础性和战略性地位，有必要进行气候变化对农业领域的影响研究，以及气候变化对农户生计影响的综合研究。

7.3.1 气候变化对水资源的影响

水资源是受气候变化影响最直接的因素之一，国内外很多学者就气候变化对水资源的影响做了大量研究，取得了比较一致的观点。认为近百年来的气候变化主要表现为：气温升高，增加了蒸发量；降水变率增加，降雨的季节性差异明显；由于蒸发增大，降雨减少，河流的来水量随之减少，径流量呈现明显地减少趋势。由于水资源对气候变化响应具有地理分异性（刘昌明、刘小莽等，2008），因此，在大的趋势下，不同地区有不同的响应，应该在整体变动趋势下进行区域性的针对性研究。

根据实测结果，近40年来，我国海河、淮河、黄河、松花江、长江、珠江六大江河的径流量大多呈下降趋势，这将加剧我国水资源供需紧张的矛盾，北方地区更为突出，而气候变化导致的来水量减少是流域干旱的重要原因；同时，降水变率增加、水文循环过程加快，导致极端降水事件和干旱出现的频率加大（刘吉峰等、刘昌明等，2008）。因此，在人口增加和气候变化的双重影响下，未来需水量的不确定性将增加（中国应对气候变化国家方案，2007；刘昌明等，2008）。已有的大量关于气候变化和水资源研究的模型模拟结果显示，未来我国极端气候事件会变得更频繁，水资源的短缺将会在全国范围内持续加剧（秦大河等，2005；张建云等，2007；气候变化国家评估报告，2007）。《中国应对气候变化国家方案》同样指出，未来气候变化将使我国北方水资源短缺状况将进一步加剧，华东地区洪涝风险加大，极端天气事件（干旱、洪涝灾害）发生频率增加，突发性气候和地质灾害增多，未来中国农业生产将面临更大威胁。

鉴于气候变化影响的地域差异性，气候变化的影响也是利弊皆有，不能一概而论。多数研究表明，气候变化会造成经济损失，降低经济发展效率，增加投资风险，但是在某些情况下，也可能会产生有利的影响，为经济增长和人类社会发展提供机遇。但从目前的影响来看，是负面大于正面，以不利影响为主（邸少华等，2011；林而达等，2006；夏军等，2008）。如郝兴宇认为，未来10~50年，气候变化将使我国西北地区天然来水量增加（郝兴宇等，2010）。因此，我们要加强适应能力，看到不利影响采取措施进行减缓的同时，也要看到有利影响带来的发展机遇，以趋利避害，将气候变化的影响降到最低限度，将有利影响发挥到最大限度。

7.3.2 气候变化对农业生产的影响

农户以农业生产为最基本的生活保障来源，因此气候变化对农户生计影响最直接、最明显地反映在对农业生产活动的影响上。农业是对气候变化反应最为敏感的产业之一（许小峰等，2006），具有较高的自然风险性。虽然技术在不断进步，但还不能使农业生产完全适应不可控的天气、气候条件，更是不能抵御洪涝、干旱、霜冻、冰雹等具有毁灭性的自然灾害（林志玲，2007）。

干旱和降水对农业生产的影响主要表现为：在气温升高趋势下，农作物的生态需水和灌溉用水的增加，而降水的季节、年际分布不均以及流域径流量逐渐减少不能够满足这一需求（彭世彰等，2009；居辉等，2007）。干旱和降水的作用是相互的，有研究表明，气温每上升 1℃，农业灌溉用水量将增加 6%~10%（郭明顺等，2008）。在降雨季节分布不均，不能适时补给作物的生长需求，在灌溉设施不完善、不配套的情况下，灌溉跟不上，农业产量必然下降。

然而，在气温升高的趋势下，也会给一些原来温度较低的区域带来机遇，如不能种植冬小麦的北方地区可以种植冬小麦。通过对历史数据的计量分析，得出气温升高，小麦种植面积增长，有向北扩张的趋势（Lin Ke HOU et al.，2012）。

林而达等运用区域气候情景 PRECIS（Providing Regional Climate for Impacts Study）和 CERES 作物模型，模拟和分析不同温室气体排放情境下的中国粮食生产。结果表明，如果不采取任何措施，到 2030 年我国种植业生产能力在总体上可能会下降 5%~10%，到 21 世纪后半期，中国主要农作物，如小麦、水稻和玉米的产量最多可下降 37%，（林而达，2006；熊伟，2006；熊伟，2010）。郝兴宇等通过对大豆生产的模拟研究，认为干旱胁迫不利于大豆光合作用，将造成大豆减产；若不考虑 CO_2 浓度肥效的情况，未来气候变化下大豆产量将下降；如果考虑 CO_2 浓度升高的影响，大豆产量将大幅提高（郝兴宇，2010）。极端气候事件同样造成粮食生产下降，马九杰等（2005）指出，20 世纪 80 年代中后期以来，中国大部分年份受灾面积占作物播种面积的比重都接近或超过 1/3，很多年份的成灾面积比重超过 20%，从时间趋势上看还表现出一定的恶化趋势，这必然会影响粮食综合生产能力，危及粮食生产和供给的安全性。彭克强（2008）基于 1978~2006 年中国数据实证研究发现，粮食生产与极端气候事件关系呈现显著负相关。

未来气候变化条件下，在浓度适当增加的范围内，虽然 CO_2 能起到一定的肥效作用，但是高浓度的 CO_2 导致气温的升高，增加了作物的生态需水量及农业灌溉需水量。没有水分的补给，农作物只能面临减产或绝收的局面。

7.3.3 气候变化对农户生计的影响

研究内容为气候变化情况下水资源短缺状况和由此导致的农户适应性行为及气候变化对农户家计生活的影响，包括王金霞等（2008）的研究结果表明，到 2030 年，海河流域的水资源短缺比例将提高 25%，气候变化将使水资源短缺比例进一步提高 2%~4%，政府层面为了缓解水资源短缺的状况，实施混合水价政策可能是一种最优的策略选择，次优策略为采用农业节水技术；李玉敏等（2009）研究表明，水资源越短缺，农户就越可能倾向于种植对灌溉依赖程度低、需水量小的作物，尤其是豆类和马铃薯；刘静（2006）利用宁夏农户调查数据，研究表明气候变化对农业生产影响巨大，最贫困的农户在气候变化中所受损失最大，较富裕农户有更大潜力应对气候变化，缺乏金融支持、缺少灌溉设施以及缺乏实用的种植、养殖技术是农户应对与气候变化相关的自然灾害的主要障碍。

7.3.4 气候变化对政策的影响

2010 年西南五省的持续干旱、同年甘肃舟曲由于突降强降水引发的特大山洪泥石流，造成重大的生命财产损失。在一系列严重的水旱灾害的多发、频发与突发的状况下，暴露出农田水利等基础设施十分薄弱。因此，2011 年"中央一号文件"在依然关注"三农"问题的同时，首次聚焦水利，提出必须大力加强水利建设，旨在提高农田抗旱排涝能力，降低气候变化的不确定性与突发性对农业生产带来的影响。

加大农业保险的覆盖力度。面对自然的高风险性，制定合理科学、因地制宜的农业保险模式，弥补因气候变化带来的农业减产或极端天气事件带来的绝收给农户带来的生计风险。

7.4 未来研究方向

国内气候变化领域的研究只有少部分关注于"三农"，其中又都是只侧重于生计的某一方面，为了能更好地阐述气候变化对以农业生产为基本生活保障的处于弱势地位的农民生活带来的影响，有必要基于可持续生计分析方法，以可持续生计框架为分析工具，进行全面的、综合性的分析，增强农户多元化的气候变化适应和应对能力。

气候变化带来的影响有正有负，但大多数研究侧重于对负面影响的研究，以期避免或减缓危害与损失，但是对正面影响却鲜有研究。因此，以后应该转变研究视角，可以关注于气候变化带来的正面影响，发现机遇，利用机遇来适应气候变化。

已有研究绝大多数都是描述性研究，为了揭示出在多元化生计策略的背景下，气候变化对农户生计影响的程度，有必要进行较精确的计量分析。

第 8 章

结论和建议

气候变化是迄今为止范围最广、影响最大的市场失灵,应对和减缓气候变化需要各国政府共同应对。中国应对气候变化面临机遇和挑战并存的状况,为此我们立足宁夏农户调查实际,分析目前应对气候变化的发展战略、指导思想和总体目标,以及中央和各级政府的对策及措施是否合理,并提出今后努力的方向。

8.1 气候变化——范围最大、规模最大的市场失灵现象

气候变化之所以可以看作是市场失灵现象,可以从以下几个方面理解。首先,气候变化问题具有很强的外部效应,而且负外部效应是大于正外部效应的。例如,1995~2005 年近十年间,我国年均受灾人口约 3 亿人(次),因灾倒塌房屋约 400 万间,紧急转移安置人口约 400 万人,直接经济损失超过 2 000 亿元。2008 年的雨雪冰冻灾害、2009 年的北方大部分地区的干旱和 2010 年的西南地区的干旱都表明自然灾害形势日趋严峻。

其次,全球大气环境资源(温室气体排放容量资源)是全球性的公共产品,各国都不同程度地向大气排放温室气体。正是由于全球大气环境资源不具有排他性,没有产权的划定,各国为了经济快速发展,向大气排放的温室气体量越来越大,使得气候变化问题越来越严重,从而反过来对经济发展造成消极影响。

最后，气候变化对全球各地的影响程度是不同的，对低纬度地区的影响更为严峻，而对高纬度地区的影响则是初期有一定的积极影响，但随着气候变化问题继续严重，消极影响逐渐大于积极影响，这就造成了在收入分配问题上的不公平。当市场失灵时，需要政府的干预和调整。

8.2 政府机构面临的机遇和挑战

8.2.1 政府机构面临的机遇

1. 能源消费结构调整和清洁能源开发

为了减少温室气体排放，必须调整能源消费结构，大力提高常规能源、新能源和可再生能源的开发，包括太阳能、水能、核能、石油、天然气和煤层气的开发与利用，支持在农村、边远地区和条件适宜地区开发利用生物质能、太阳能、地热、风能等新型能源。

2. 生态建设和保护

完善生态建设和植树造林方面的相关政策、法律及法规，这些政策主要有天然林保护及林权、林地、林产品转让等，同时通过完善监督、改善管理体系和扩大社会监督等方式加强法律法规的执行力度。

3. 机制建设

中国政府成立了由20个部门组成的国家气候变化对策协调机构，在制定和协调有关气候变化的政策等领域开展多方面的工作。

4. 重视气候变化研究及能力建设

科研机构在应对气候变化方面进行了大量工作，主要包括组织实施了国家重大科技项目"中国重大气候和天气灾害形成机理与预测理论研究"、"中国陆地生态系统碳循环及其驱动机制研究"、"中国气候与海平面变化及其趋势和影响的研究"等研究工作，完成了"中国陆地和近海生态系统碳收支研究"等知识创新工程重大项目，并组织编写了《气候变化国家评估报告》。

5. 加强气候变化教育与宣传力度

提高公众应对气候变化认知度非常重要，进一步加强气候变化问题的宣传和教育力度，开展多种形式的气候变化知识讲座和报告会，举办多期中央及省级决策者气候变化培训班，召开"气候变化与生态环境"等大型研讨会。

8.2.2 政府机构面临的挑战

1. 发展模式

中国人口众多，发展水平较低，处于工业化发展阶段，能源结构以煤为主，控制温室气体排放任务艰巨。为进一步实现工业化、城市化、现代化发展目标，未来能源需求将合理增长，人均二氧化碳排放量、人均商业能源消费量和经济发展水平呈正相关，随着经济发展、技术进步和工业化过程，中国人均能源消费和二氧化碳排放都会达到较高水平，这给应对气候变化带来较大挑战。

2. 农业领域

中国属于人多地少、小规模农户经营，对自然灾害抵抗能力较低、适应能力非常有限的国家。如何在气候变化的情况下，合理调整农业生产布局和结构，改善农业生产条件，有效减少病虫害的流行和杂草蔓延，降低生产成本，确保中国农业生产持续稳定发展，对中国农业领域提高气候变化适应能力和抵御气候灾害能力提出了长期的挑战。

3. 水资源

现行的水工程和水资源规划管理较少考虑气候变化的影响，缺少气候变化适应性评估工具。当前气候变化对整个国家的防洪形势和水资源状况已经产生重要影响，例如在我国太湖流域，极端暴雨发生频率和防汛水位都比以前高出许多。如何在气候变化的情况下，加强水资源管理，优化水资源配置；加强水利基础设施建设，确保大江大河、重要城市和重点地区的防洪安全，确保经济社会的正常运行，都面临较大挑战。

8.3 各级政府采取的对策

8.3.1 中央政府采取的对策

为应对气候变化，促进可持续发展，中国政府通过实施调整经济结构、提高能源效率、开发利用水电和其他可再生能源、加强生态建设以及实行计划生育等方面的政策与措施，为减缓气候变化做出了显著贡献。并在2007年7月出台《中国应对气候变化国家方案》，全面阐述了2010年前我国应对气候变化的对策，这是中国第一部应对气候变化的政策性文件，也是发展中国家在这一领域的第一部国家方案。

2007年成立国家应对气候变化领导小组，负责制定国家应对气候变化的重大战略、方针和对策，协调解决应对气候变化工作中的重大问题；组织贯彻落实国务院有关节能减排工作的方针政策，统一部署节能减排工作，研究审议重大政策建议，协调解决工作中的重大问题。为提高应对气候变化决策的科学性，成立了气候变化专家委员会，在支持政府决策、促进国际合作和开展民间活动方面做了大量工作。具体而言，中央政府主要进行了如下行动。

第一，在调整经济结构、转变发展方式、大力节约能源、提高能源利用效率、优化能源结构及植树造林等方面采取了一系列政策措施，努力形成"低投入、低消耗、低排放、高效率"的经济发展方式。

第二，农业部门制定和实施的产业政策及专项规划主要包括发展循环经济、开发生物质能源（沼气、农作物秸秆利用、太阳能利用等），减少农业、农村温室气体排放。

第三，推动植树造林，增强碳汇能力。自 20 世纪 80 年代以来，中国政府通过持续不断地加大投资，平均每年植树造林 400 万公顷。同时，国家还积极动员适龄公民参加全民义务植树。

第四，农田基础设施。加强农田基本建设、大力推进土地整治、大规模开展中低产田改造，提高标准农田比重、调整种植制度、选育抗逆品种、开发生物技术等适应性措施，治理退化、沙化和碱化草地，提高农业灌溉用水有效利用系数。

8.3.2 地方政府采取的对策

作为省、市、县级地方政府，每年都根据中央政府在气候变化方面的指导方针和原则，制定和实施地方政策、经济及文化发展计划与项目，来完成中央在应对气候变化方面的目标。目前已有包括内蒙古、山西、辽宁、宁夏、青海、黑龙江、山东、湖南、海南、四川 14 个应对气候变化试点省市起草了省级应对气候变化方案/大纲，表明部分省市已经积极行动起来进行应对气候变化方面的实践活动。

8.3.3 宁夏农户应对气候变化

以宁夏农户调查数据为例，分析掌握农户应对气候变化的主要策略和遇到的障碍。农户调查问卷主要内容包括农户基本生产生活情况、农户对气候变化的认知情况、气候变化对农业生产率和水资源使用的影响、农户对气候变化的适应性行为、在异常气候情况下政府对农户提供的帮助等方面。在选择调查地区时我们考虑了不同的农业生产类型、不同的收入水平，由于时间和经费有限我们选择了交通相对便利的地区，这样的选择或许会削弱样本的代表性。为了弥补这一缺陷，我们选择的农户大部分是农业部农村固定观察点农户，这些农户的统计资料相对比较全面，便于我们分析。通过同宁夏的专家讨论，选择的 6 个县代表了宁夏三种不同的农业生产模式，分别是宁夏北部灌区、宁夏中部灌溉和雨养混合区、宁夏南部山区雨养农业区，从收入分布来看，灌区农户相对较富裕，而中南部农户则比较贫困。

自然灾害、谷物价格、化肥价格对农户收入影响最大，由于干旱，我们调查的盐池县雨养农业颗粒无收。农户应对干旱时采取的措施主要有外出打工；从事非农产业；进行特色种植，如西瓜、枸杞；发展畜牧业；种植节水型农作物；收集雨水用于生活消费；采用土壤保墒技术等等。调查中我们发现，不同农业生产模式地区的农户采取的适应性措施有所差别，以土壤保墒技术为例，灌区一般采用耙磨，雨养山区主要采用梯田，而灌溉和雨养混合区则采用塑料薄膜。

在农户采取措施应对异常气候变化时，缺钱、缺技术和缺农田基础设施是农户应对气候变化最大的障碍，因此农户希望能够得到政府在资金、技术、农业投入和基础设施方面的支持。我们的调查结果显示，农业生产模式、地理位置、当地经济发展水平、交通是否便利、农户教育程度、家庭收入水平、户主年龄等因素对农户的应对性措施有很大影响。在调查中我们还发现，最贫困的农户应对气候变化的能力最低，他们在气候变化中遭受的损失也最大。户主年龄越大家庭抵御气候变化的能力越低，因为这些家庭无法外出打工或从事其他职业来增加收入抵御风险，所以今后研究中应多关注这些弱势群体。

通过上述分析得出的主要结论是，气候因素对农业产出具有显著影响，农户是否能灌溉和农户距离城市的远近对农户家庭收入及从事非农产业有决定性影响，缺钱、缺技术和缺农田基础设施是农户应对气候变化的主要障碍；影响农业收入最重要的因素主要有自然灾害、化肥价格和谷物价格；在我们的调查区域，灌溉和雨养混合农业区对气候变化最敏感。为此要加强农田基本建设、调整种植制度、选育抗逆品种、开发生物技术，提高农民教育水平，增加培训，改善当地交通条件，提高农户应对气候变化的能力。

附录1 广西田东应对气候变化具体措施

分类	已采取的适应措施	经济效益/效果	技术、资金需求	备注
生态治理（石漠化治理）	封山育林	覆盖石漠化地区60%以上	由于干旱等原因造成植被枯死，需寻找抗旱植物	
	退耕还林，小流域治理	提高蓄水能力	需要继续补偿，巩固已取得的成果，同时需要加强管理	
	……			
农业结构调整	政府提供抗旱玉米品种、地膜技术、保水剂	可以抵抗春季干旱，保证粮食收成	政府推广良种玉米和地膜技术，成本较高，农户无力负担，政府补贴不足以抵消农户的资金投入，且推广需要技术指导	
	发展蔬菜种植	增加收入		
	糖脂结合	已建立甘蔗基地，每年培训1万人左右，提供农户的种植技术，增加收入；龙头企业带动，农户扶贫资金注入企业，农户分红	需要技术指导，政府培训提供每人每天20元补助，但实际成本在50元，农户需要自己缴纳部分费用，培训经费仍有缺口	
	竹笋+苏木	每颗树木2元	竹笋效益较好，苏木较差；种植需推广，扩大经济效益	
	蔬菜基地	建立20多万亩秋冬菜生产基地、全国无公害蔬菜基地，香米基地超过10万亩，是农民增收亮点		
	特色水果	芒果10万亩，香蕉10万亩	需要研究气候变化背景下其新品种需求及配套的资金情况	
	优质稻	提高抗旱能力	需要品种更新	
	畜牧业	种植牧草（银合欢、山毛豆等多年生牧草），以草定羊	羊舍成本300元/平方米，需要饲养技术指导	

续表

分类	已采取的适应措施	经济效益/效果	技术、资金需求	备注
集雨节水抗旱工程	水源规划	每个乡镇建一个小型水库（100万立方米）	许多村庄离乡镇较远，应急取水存在难度	
	水柜	集雨，解决人畜饮水、农业灌溉	政府每立方米补贴250元，一般农户需要40立方米的水柜，成本在1.5万左右，政府补贴1万元，资金缺口在5 000元左右；农户需要自己提供劳动力；孤老群体家庭补助350元，但劳力无法提供；农业灌溉地头水柜需进一步推广	
	打井	对农户打井进行补助，开发地下水，保障灌溉面积3 000亩	石山区打井难度较大，需要政府加大资金和技术支持力度	
	人工增雨	高射炮	需要财政支持	
	……			
新能源开发	太阳能	尚未普及		
	沼气池	在石山地区修建沼气池，实现物质循环利用	规模较小，只有个别农户建有沼气池，由于石山区修建沼气池难度较大，因此有着较大的资金和技术缺口	8个立方，土山地区需3 000元，石山区需9 000元，而国家补贴只有1 500元
	太阳能发电	目前还不普及，需要推广		
能力建设	机械化	并不普及，许多农民都是手工田间作业	需要开发适合本地的小型农业器械	
	公路建设	20户以上自然村基本通路，加强了与外界的信息沟通和人力沟通	尚有10个自然村无法通公路，自然条件恶劣，需要充足的资金到位	
	教育	修建校舍	校舍较远，学生需要徒步1小时以上；住宿饮食困难；校舍在山坡脚下，存在危险，但资金缺乏无法搬迁和改建	

续表

分类	已采取的适应措施	经济效益/效果	技术、资金需求	备注
能力建设	水利设施			
	危房改造	茅草房改造,每个房屋补助5 000元,现在提高到1.5万元,可以减少暴雨、滑坡泥石流等对房屋的冲击和破坏	农户危房改造成本在2万元以上,仍旧面临着较大的资金缺口	
	农村劳动力输出	就业培训,每年300~500人培训3个月汽车修理等技术,政府每人补贴1 500元,提供劳力技能,增加收入	就业能力培训不足,许多农户外出打工,只能从事搬运、建筑等低端职业,月收入300~800元,只能维持生计,难以为家庭增加收入。需要政府在就业指导上增加资金和技术培训力度	
	生态移民知识培训	政府提供资金、农户自己建设水柜、砖房等	目前只能将环境极其恶劣地区的农户搬迁,很多地方的农户虽然生态环境恶劣,但出于村民观念、文化等原因,搬迁难度较大。政府需要投入资金加大教育普及力度,改变落后观念,提高生存技能,鼓励村民生态搬迁	
减灾	防雹(火箭)	2门高射炮,全县建立发射台网,有效防雹	评价年份为1次,2010年为3次,频率增加,需要增加投入	气象部门的投入产出比为1:40
	防暴、防雷电	避雷针、避雷器等	需政府财政的大力支持	由于气候变化,广西雷暴云增多,雷电有增加的趋势

资料来源:笔者实地调查所得。

附录2 1950～2009年全国水旱灾情统计

附表2-1　　　　1950～2009年全国洪涝灾情统计

年份	洪涝面积（千公顷）		因灾死亡人口（人）	倒塌房屋（万间）	直接经济总损失（亿元）
	受灾	成灾			
1950	6 559.00	4 710.00	1 982	130.50	
1951	4 173.00	1 476.00	7 819	31.80	
1952	2 794.00	1 547.00	4 162	14.50	
1953	7 187.00	3 285.00	3 308	322.00	
1954	16 131.00	11 305.00	42 447	900.90	
1955	5 247.00	3 067.00	2 718	49.20	
1956	14 377.00	10 905.00	10 676	465.90	
1957	8 083.00	6 032.00	4 415	371.20	
1958	4 279.00	1 441.00	3 642	77.10	
1959	4 813.00	1 817.00	4 540	42.10	
1960	10 155.00	4 975.00	6 033	74.70	
1961	8 910.00	5 356.00	5 074	146.30	
1962	9 810.00	6 318.00	4 350	247.70	
1963	14 071.00	10 479.00	10 441	1 435.30	
1964	14 933.00	10 038.00	4 288	246.50	
1965	5 587.00	2 813.00	1 906	95.60	
1966	2 508.00	950.00	1 901	26.80	
1967	2 599.00	1 407.00	1 095	10.80	
1968	2 670.00	1 659.00	1 159	63.00	
1969	5 443.00	3 265.00	4 667	164.60	
1970	3 129.00	1 234.00	2 444	25.20	
1971	3 989.00	1 481.00	2 323	30.20	
1972	4 083.00	1 259.00	1 910	22.80	
1973	6 235.00	2 577.00	3 413	72.30	
1974	6 431.00	2 737.00	1 849	120.00	

续表

年份	洪涝面积（千公顷）		因灾死亡人口（人）	倒塌房屋（万间）	直接经济总损失（亿元）
	受灾	成灾			
1975	6 817.00	3 467.00	29 653	754.30	
1976	4 197.00	1 329.00	1 817	81.90	
1977	9 095.00	4 989.00	3 163	50.60	
1978	2 820.00	924.00	1 796	28.00	
1979	6 775.00	2 870.00	3 446	48.80	
1980	9 146.00	5 025.00	3 705	138.30	
1981	8 625.00	3 973.00	5 832	155.10	
1982	8 361.00	4 463.00	5 323	341.50	
1983	12 162.00	5 747.00	7 238	218.90	
1984	10 632.00	5 361.00	3 941	112.10	
1985	14 197.00	8 949.00	3 578	142.00	
1986	9 155.00	5 601.00	2 761	150.90	
1987	8 686.00	4 104.00	3 749	92.10	
1988	11 949.00	6 128.00	4 094	91.00	
1989	11 328.00	5 917.00	3 270	100.10	
1990	11 804.00	5 605.00	3 589	96.60	239.00
1991	24 596.00	14 614.00	5 113	497.90	779.08
1992	9 423.30	4 464.00	3 012	98.95	412.77
1993	16 387.30	8 610.40	3 499	148.91	641.74
1994	18 858.90	11 489.50	5 340	349.37	1 796.60
1995	14 366.70	8 000.80	3 852	245.58	1 653.30
1996	20 388.10	11 823.30	5 840	547.70	2 208.36
1997	13 134.80	6 514.60	2 799	101.06	930.11
1998	22 291.80	13 785.00	4 150	685.03	2 550.90
1999	9 605.20	5 389.12	1 896	160.50	930.23
2000	9 045.01	5 396.03	1 942	112.61	711.63
2001	7 137.78	4 253.39	1 605	63.49	623.03
2002	12 384.21	7 439.01	1 819	146.23	838.00
2003	20 365.70	12 999.80	1 551	245.42	1 300.51
2004	7 781.90	4 017.10	1 282	93.31	713.51
2005	14 967.48	8 216.68	1 660	153.29	1 662.20

续表

年份	洪涝面积（千公顷）		因灾死亡人口（人）	倒塌房屋（万间）	直接经济总损失（亿元）
	受灾	成灾			
2006	10 521.86	5 592.42	2 276	105.82	1 332.62
2007	12 548.92	5 969.02	1 230	102.97	1 123.30
2008	8 867.82	4 537.58	633	44.70	955.44
2009	8 748.16	3 795.79	538	55.59	845.96
平均值					
1950~1980	6 872.45	3 894.74	5 875.55	202.87	
1981~2009	12 700.69	6 991.57	3 221.10	188.23	1 112.41
1990~2009	13 661.25	7 625.63	2 681.30	202.75	1 112.41
1950~2009	9 689.43	5 391.54	4 592.57	195.79	1 112.41

资料来源：《中国水旱灾害公报2009》，笔者依据该数据计算得出不同时间段平均值。

附表2-2　　　　1950~2009年全国干旱灾情统计

年份	受灾面积（千公顷）	成灾面积（千公顷）	绝收面积（千公顷）	粮食损失（亿公斤）	饮水困难人口（万人）	饮水困难牲畜（万头）
1950	2 398.00	589.00		19.00		
1951	7 829.00	2 299.00		36.88		
1952	4 236.00	2 565.00		20.21		
1953	8 616.00	1 341.00		54.47		
1954	2 988.00	560.00		23.44		
1955	13 433.00	4 024.00		30.75		
1956	3 127.00	2 051.00		28.60		
1957	17 205.00	7 400.00		62.22		
1958	22 361.00	5 031.00		51.28		
1959	33 807.00	11 173.00		108.05		
1960	38 125.00	16 177.00		112.79		
1961	37 847.00	18 654.00		132.29		
1962	20 808.00	8 691.00		89.43		
1963	16 865.00	9 021.00		96.67		
1964	4 219.00	1 423.00		43.78		
1965	13 631.00	8 107.00		64.65		

续表

年份	受灾面积（千公顷）	成灾面积（千公顷）	绝收面积（千公顷）	粮食损失（亿公斤）	饮水困难人口（万人）	饮水困难牲畜（万头）
1966	20 015.00	8 106.00		112.15		
1967	6 764.00	3 065.00		31.83		
1968	13 294.00	7 929.00		93.92		
1969	7 624.00	3 442.00		47.25		
1970	5 723.00	1 931.00		41.50		
1971	25 049.00	5 319.00		58.12		
1972	30 699.00	13 605.00		136.73		
1973	27 202.00	3 928.00		60.84		
1974	25 553.00	2 296.00		43.23		
1975	24 832.00	5 318.00		42.33		
1976	27 492.00	7 849.00		85.75		
1977	29 852.00	7 005.00		117.34		
1978	40 169.00	17 969.00		200.46		
1979	24 646.00	9 316.00		138.59		
1980	26 111.00	12 485.00		145.39		
1981	25 693.00	12 134.00		185.45		
1982	20 697.00	9 972.00		198.45		
1983	16 089.00	7 586.00		102.71		
1984	15 819.00	7 015.00		106.61		
1985	22 989.00	10 063.00		124.04		
1986	31 042.00	14 765.00		254.34		
1987	24 920.00	13 033.00		209.55		
1988	32 904.00	15 303.00		311.69		
1989	29 358.00	15 262.00	2 423.33	283.62		
1990	18 174.67	7 805.33	1 503.33	128.17		
1991	24 914.00	10 558.67	2 108.67	118.00	4 359.00	6 252.00
1992	32 980.00	17 048.67	2 549.33	209.72	7 294.00	3 515.00
1993	21 098.00	8 658.67	1 672.67	111.80	3 501.00	1 981.00
1994	30 282.00	17 048.67	2 526.00	233.60	5 026.00	6 012.00
1995	23 455.33	10 374.00	2 121.33	230.00	1 800.00	1 360.00

附录2 1950～2009年全国水旱灾情统计

续表

年份	受灾面积（千公顷）	成灾面积（千公顷）	绝收面积（千公顷）	粮食损失（亿公斤）	饮水困难人口（万人）	饮水困难牲畜（万头）
1996	20 150.67	6 247.33	686.67	98.00	1 227.00	1 675.00
1997	33 514.00	20 010.00	3 958.00	476.00	1 680.00	850.00
1998	14 237.33	5 068.00	949.33	127.00	1 050.00	850.00
1999	30 153.33	16 614.00	3 925.33	333.00	1 920.00	1 450.00
2000	40 540.67	26 783.33	8 006.00	599.60	2 770.00	1 700.00
2001	38 480.00	23 702.00	6 420.00	548.00	3 300.00	2 200.00
2002	22 207.33	13 247.33	2 568.00	313.00	1 918.00	1 324.00
2003	24 852.00	14 470.00	2 980.00	308.00	2 441.00	1 384.00
2004	17 255.33	7 950.67	1 677.33	231.00	2 340.00	1 320.00
2005	16 028.00	8 479.33	1 888.67	193.00	2 313.00	1 976.00
2006	20 738.00	13 411.33	2 295.33	416.50	3 578.23	2 936.25
2007	29 386.00	16 170.00	3 190.67	373.60	2 756.00	2 060.00
2008	12 136.80	6 797.52	811.80	160.55	1 145.70	699.00
2009	29 258.80	13 197.10	3 268.80	348.49	1 750.60	1 099.40
平均值						
1950～1980	18 790.97	6 731.26		75.16		
1981～2009	24 805.28	12 716.38	2739.55	252.88	2745.76	2139.14
1990～2009	24 992.11	13 182.10	2755.36	277.85	2745.76	2139.14
1950～2009	21 697.89	9 624.07	2739.55	161.06	2745.76	2139.14

资料来源：《中国水旱灾害公报2009》，笔者依据该数据计算得出不同时间段平均值。

附录3 2009年全国水旱灾害造成的损失

附表3-1　　2009年全国各省市水旱灾害损失

省份	农作物播种面积（千公顷）	旱灾受灾面积（千公顷）	旱灾受灾面积占播种面积比例（%）	因旱损失（亿元）	因涝损失（亿元）	饮水困难人口（万人）
北京	320.1	3	1.03	1.6	0	1
天津	455.2	0	0.00	0	0	0
河北	8 682.5	1 544	17.78	55.6	2.3	82.7
山西	3 717.9	1 384	37.23	42.9	4.5	134
内蒙古	6 927.8	3 890	56.15	201.1	19.1	235
辽宁	3 919.1	2 084	53.17	153	1.8	79
吉林	5 077.5	2 440	48.05	146.7	2.3	8
黑龙江	12 129.2	4 872	40.17	45.4	45.2	0
上海	396.1		0.00	0	0	0
江苏	7 558.2	599	7.92	10.1	5.1	1
浙江	2 504.8	22	0.90	0.2	27.5	42
安徽	9 036.2	909	10.06	25.3	32.6	1
福建	2 258.0	42	1.87	7.7	4.5	17
江西	5 376.4	621	11.56	23.6	51.1	91
山东	10 778.4	1 175	10.90	59	61	24
河南	14 181.4	1 579	11.14	34.8	6.1	45
湖北	7 527.5	592	7.86	17.8	35.7	28
湖南	8 019.3	753	9.39	65.2	67.9	125
广东	4 476.0	318	7.11	6.3	8.8	24
广西	5 826.5	774	13.28	20.6	41.5	106
海南	829.4	13	1.60	0.7	3.2	2
重庆	3 308.3	137	4.13	3.5	41.4	33
四川	9 476.6	743	7.84	10.7	111.3	53.4

续表

省份	农作物播种面积（千公顷）	旱灾受灾面积（千公顷）	旱灾受灾面积占播种面积比例（%）	因旱损失（亿元）	因涝损失（亿元）	饮水困难人口（万人）
贵州	4 780.7	478	10.00	14.5	12.3	92
云南	6 343.9	1 037	16.34	38.5	15.9	275
西藏	235.1	27	11.58	3.2	1.3	20
陕西	4 154.1	800	19.26	36.4	6.6	71.5
甘肃	3 938.6	1 542	39.15	43.2	36.7	73
青海	514.1	34	6.59	2.4	5.9	28
宁夏	1 226.7	308	25.08	15.1	1	30
新疆	4 663.8	540	11.57	14.1	2.4	29

资料来源：农作物播种面积和受灾面积来自《中国统计年鉴2010》；干旱损失、洪涝损失和饮水困难人口来自《中国气象灾害年鉴2010》。

附录4　2009年各省市人均水资源占有量和灌溉率排名

附表4-1　　　　2009年全国各省市水资源占有量排名

省份	人均水资源占有量（立方米/人）	省份	人均水资源占有量（立方米/人）	省份	人均水资源占有量（立方米/人）
北京	127	辽宁	396	福建	2 215
天津	127	江苏	520	贵州	2 398
宁夏	136	甘肃	794	黑龙江	2 587
河北	201	吉林	1 089	江西	2 642
上海	218	陕西	1 106	四川	2 858
山西	251	安徽	1 195	广西	3 069
山东	302	湖北	1 444	云南	3 460
河南	348	内蒙古	1 564	新疆	3 517
辽宁	396	重庆	1 600	海南	5 596
江苏	520	广东	1 682	青海	16 114
甘肃	794	浙江	1 808	西藏	139 659
吉林	1 089	湖南	2 191		

资料来源：笔者依据《中国统计年鉴2010》数据整理。

附表 4-2　　2009 年全国各省市灌溉率排名

省份	耕地面积（总资源）（千公顷）	有效灌溉面积（千公顷）	灌溉率（%）	省份	耕地面积（总资源）（千公顷）	有效灌溉面积（千公顷）	灌溉率（%）
北京	231.69	218.71	94.40	青海	542.72	251.67	46.37
新疆	4 124.56	3 675.68	89.12	四川	5 947.40	2 523.66	42.43
上海	243.96	202.32	82.93	内蒙古	7 147.24	2 949.75	41.27
江苏	4 763.79	3 813.66	80.06	宁夏	1 107.06	453.55	40.97
天津	441.09	347.38	78.75	辽宁	4 085.28	1 509.58	36.95
浙江	1 920.85	1 446.37	75.30	广西	4 217.52	1 522.14	36.09
福建	1 330.10	960.12	72.18	海南	727.51	243.17	33.43
河北	6 317.30	4 552.95	72.07	陕西	4 050.35	1 293.34	31.93
湖南	3 789.37	2 720.68	71.80	山西	4 055.82	1 260.99	31.09
广东	2 830.73	1 871.09	66.10	吉林	5 534.64	1 684.80	30.44
山东	7 515.31	4 896.92	65.16	重庆	2 235.93	672.02	30.06
江西	2 827.09	1 840.43	65.10	黑龙江	11 830.12	3 405.86	28.79
西藏	361.63	235.15	65.02	甘肃	4 658.77	1 264.17	27.14
河南	7 926.37	5 033.03	63.50	云南	6 072.06	1 562.07	25.73
安徽	5 730.19	3 484.08	60.80	贵州	4 485.30	1 016.04	22.65
湖北	4 664.12	2 350.10	50.39				

资料来源：笔者依据《中国统计年鉴 2010》数据整理。

参考文献

[1] IPCC：《气候变化2007（综合报告）》，IPCC 第四次评估报告，2007。

[2] 阿马蒂亚·森：《贫困和饥饿》，牛津大学出版社1981年版。

[3] 大卫·罗曼：《高级宏观经济学》（第二版），加州大学伯克利分校2001年版。

[4] 邱少华、谢立勇、宁大可：《气候变化对西北地区水资源的影响及对策》，载于《安徽农业科学》2011年第27期。

[5] 底瑜：《当代中国反贫困战略的选择与重构——以四川省巴中市"巴中新村"为例的研究》，载于《中国软科学》2005年第10期。

[6] 樊胜根、钱克明：《农业科研与贫困》，中国农业出版社2005年版。

[7] 樊胜根、邢鹂、陈志刚：《中国西部地区公共政策和农村贫困研究》，科学出版社2010年版。

[8] 樊胜根、张林秀、张晓波：《中国农村公共投资在农村经济增长和反贫困中的作用》，载于《华南农业大学学报》（社会科学版）2002年第1期。

[9] 樊胜根、张林秀、张晓波、马晓河：《农村公共投资优先序——基于分县数据的研究》，收录于《WTO和中国农村公共投资》，中国农业出版社2003年版。

[10] 郭明顺、谢立勇等：《气候变化对农业生产和农村发展的影响和对策》，载于《农业经济》2008年第10期。

[11] 国家发展和改革委、水利部、建设部：《水利发展"十一五"规划》，2007年。

[12] 国家发展和改革委员会：《中国应对气候变化国家方案》，2007年。

[13] 国家发展和改革委员会能源研究所：《减缓气候变化：IPCC第三次评估报告的主要结论和中国的对策》，气象出版社2004年版。

[14] 国家防汛抗旱总指挥部办公室：《突发性水旱灾害的预防与预警》，载于《中国防汛抗旱》2006年第2期。

[15] 国家防汛抗旱总指挥部办公室、水利部：《中国水旱灾害公报2009》，中国水利水电出版社2010年版。

[16] 国家统计局：《中国统计年鉴2010》，中国统计出版社2010年版。

[17] 国家统计局农村社会经济调查司：《中国农村贫困监测报告2010》，中国统计出版社2011年版。

[18] 国家统计局农村社会经济调查总队：《2004中国农村贫困监测报告》，中国统计出版社2004年版。

[19] 国务院研究室：《中国农业节水领域重大突破》，http://www.66wen.com/06gx/shuili/shuiwen/20060803/19183.html。

[20] 韩洪云、赵连阁：《农户灌溉技术选择行为的经济分析》，载于《中国农村经济》2000年第11期。

[21] 韩青、谭向勇：《农户灌溉技术选择的影响因素分析》，载于《中国农村经济》2004年第4期。

[22] 郝兴宇、韩雪等：《气候变化对大豆影响的研究进展》，载于《应用生态学报》2010年第10期。

[23] 胡鞍钢：《提高水治理能力应对气候变化挑战》，载于《我国水利》2010年第1期。

[24] 胡瑞法：《农业技术诱导理论及其应用》，载于《农业技术经济》1995年第4期。

[25] 胡瑞法：《种子技术管理学概论》，科学出版社1998年版。

[26] 胡瑞法等：《妇女在农业生产中的决策行为及作用》，载于《农业经济问题》1998年第3期。

[27] 黄季焜：《WTO与中国农业》，收录于《农业经济与科技发展研究》，中国农业出版社2000年版。

[28] 黄季焜等:《迈向二十一世纪的中国粮食经济》,中国农业出版社1998年版。

[29] 黄季焜等:《农业技术从产生到采用:政府、科研人员、技术推广人员与农民行为比较》,载于《科学对社会的影响》1999年第1期。

[30] J. M. 伍德里奇:《计量经济学导论现代观点》,中国人民大学出版社2003年版。

[31] 贾新台、李新:《新疆维吾尔自治区石河子市推行棉花膜下滴灌情况的考察报告》,载于《河北水利》2003年第10期。

[32] 蒋太碧:《农技推广与农民决策行为研究》,载于《农业技术经济》1998年第1期。

[33] 居辉、许吟隆等:《气候变化对我国农业的影响》,载于《环境保护》2007年第6期。

[34] 李斌、李小云、左停:《农村发展中的生计途径研究与实践》,载于《农业技术经济》2004年第4期。

[35] 李强、罗仁福、刘承芳、张林秀:《新农村建设中农民最需要什么样的公共服务——农民对农村公共物品投资的意愿分析》,载于《农业经济问题》2006年第10期。

[36] 李玉敏、王金霞:《农村水资源短缺:现状、趋势及其对作物种植结构的影响——基于全国10个省调查数据的实证分析》,载于《自然资源学报》2009年第2期。

[37] 林而达、许吟隆等:《气候变化国家评估报告Ⅱ:气候变化的影响与适应》,载于《气候变化研究进展》2006年第2期。

[38] 林毅夫:《制度、技术与中国农业发展》,上海三联书店、上海人民出版社1994年版。

[39] 林毅夫:《制度、技术与中国农业发展》,上海人民出版社1994年版。

[40] 林志玲:《农业的弱质性及保护对策》,载于《法制与社会》2009年第2期;曾庆芬:《农业的弱质性与弱势性辨析》,载于《云南社会科学》2007年第6期。

[41] 刘昌明、刘小莽等:《气候变化对水文水资源影响问题的探讨》,

载于《科学对社会的影响》2008年第2期。

［42］刘吉峰、刘萍等：《黄河流域气候变化对水资源影响研究》，收录于《第26届中国气象学会年会气候变化分会场论文集》，2009年。

［43］刘静、Ruth Meinzen-Dick、钱克明、张陆彪、蒋藜：《中国中部用水者协会对农户生产的影响》，载于《经济学季刊》2008年第2期。

［44］刘静、张陆彪：《农村小型水利改革效果分析》，收录于《中国农业节水与国家粮食安全论文集》，中国水利水电出版社2010年版。

［45］罗其友：《节水农业水价控制》，载于《干旱区资源与环境》1998年第2期。

［46］《宁夏节水型社会建设规划纲要2004～2020》，宁夏回族自治区统计局内部资料，2005年。

［47］马九杰、崔卫杰、朱信凯：《农业自然灾害风险对粮食综合生产能力的影响分析》，载于《农业经济问题》2005年第4期。

［48］宁夏回族自治区统计局：《2005宁夏统计年鉴》，中国统计出版社2005年版。

［49］彭克强：《粮食生产与自然灾害的关联及其对策选择》，载于《改革》2008年第8期。

［50］彭世彰、豆沿斌等：《气候变化背景下的我国农业水资源与粮食生产安全》，中国农业17水与国家粮食安全高级论坛，2009年。

［51］气候变化国家评估报告编写委员会：《我国气候变化国家评估报告》，科学出版社2007年版。

［52］钱智：《新疆经济社会可持续发展中的水资源问题及其对策》，中国水利部网站，http://www.mwr.gov.cn/ztbd/2006/20060601/73869.asp。

［53］秦大河、丁一汇、苏纪兰等：《我国气候与环境演变（上卷）：气候与环境的演变及预测》，科学出版社2005年版。

［54］世界银行：《从贫困地区到贫困人群：中国扶贫议程的演进——中国贫困和不平等问题评估》，2009年。

［55］汪三贵：《贫困地区农业发展的资源约束》，载于《经济地理》1992年第3期。

［56］汪三贵：《在发展中战胜贫困——对中国30年大规模减贫经验

的总结与评价》，载于《管理世界》2008年第11期。

[57] 汪三贵、刘晓展：《信息不完备条件下贫困农民接受新技术行为分析》，载于《农业经济问题》1996年第12期。

[58] 汪恕诚：《解决我国水资源短缺问题的根本出路——汪恕诚部长答学习时报记者问》，载于《中国农村水电及电气化》2006年第8期。

[59] 王金霞、徐志刚、黄季焜、Scott Rozelle：《水资源管理制度改革农业、生产与反贫困》，载于《经济学季刊》2005年第1期。

[60] 王金霞、黄季焜：《滏阳河流域的水资源问题》，载于《自然资源学报》2004年第4期。

[61] 王金霞、李浩、夏军、任国玉：《气候变化条件下水资源短缺的状况及适应性措施：海河流域的模拟分析》，载于《气候变化研究进展》2008年第6期。

[62] 王颖：《1955~2004年极端气候事件的时空变化特征研究》，南京信息工程大学硕士论文，2006年。

[63] 西奥多·W·舒尔茨：《改造传统农业》，商务印书馆1987年版。

[64] 夏军、Thomas Tanner等：《气候变化对中国水资源影响的适应性评估与管理框架》，载于《气候变化研究进展》2008年第4期。

[65] 熊伟、居辉、许吟隆、林而达：《两种气候变化情景下我国未来的粮食供给》，载于《气象》2006年第11期。

[66] 熊伟、林而达、蒋金荷、李岩、许吟隆：《我国粮食生产的综合影响因素分析》，载于《地理学报》2010年第4期。

[67] 许小峰、王守荣等：《气候变化应对战略研究》，气象出版社2006年版。

[68] 许吟隆、居辉：《气候变化与贫困——中国案例研究》，绿色和平，乐施会项目报告，2009。

[69] 叶敬忠、林志斌：《中国农技推广障碍因素分析——农民应成为农技推广的主体》，载于《中国农技推广》2000年第4期。

[70] 易红梅、张林秀、Denise Hare、刘承芳：《农村基础设施投资与农民投资需求的关系——来自5省的实证分析》，载于《中国软科学》2008年第11期。

[71] 于发稳：《西北地区生态贫困问题研究》，载于《中国软科学》2004年第11期。

[72] 张建云、王国庆：《气候变化对水文水资源影响研究》，科学出版社2007年版。

[73] 中国发展研究基金会：《在发展中消除贫困》，中国发展出版社2007年版。

[74] 中国科学院地学部：《西部大开发中的生态环境建设和产业结构调整咨询意见》，载于《中国科学院院刊》2000年第6期。

[75] 中国气象局：《中国气象灾害年鉴2010》，气象出版社2010年版。

[76] 中国人权研究会：《我国人权事业发展报告No.1（2011）》，社会科学文献出版社2011年版。

[77] 朱希刚、黄季焜：《农业技术进步测定的理论方法》，中国农业出版社1994年版。

[78] 朱希刚、赵绪福：《贫困山区农业技术采用的决定因素分析》，载于《农业技术经济》1995年第5期。

[79] 左孟孝：《发展订单农业，促进农产品产销衔接》，中国农业信息网（http://www.agri.gov.cn），2002年9月18日。

[80] Allison E. H., Horemans B., Putting the principles of the sustainable livelihoods approach into fisheries development policy and practice, Mar Policy 2006; 30 (6): 757-66.

[81] Ashley, C. & Carney, D., 1999, Sustainable livelihoods: Lessons from early experience, London: Dept. for International Development.

[82] Ayars. J. E., Phene. C. J., Hutmacher. R. B., et al., Subsurface drip irrigation of row crops: a review of 15 years of research at the Water Management Research Laboratory, *Agricultural Water Management*, 1999, 42 (1): 1-271.

[83] Badjeck M. C., Edward H. Allison, Impacts of climate variability and change on fishery-based livelihoods, *Marine Policy*, 34 (2010) 375-383.

［84］Bhattarai, M., Sakthivadivel, R., Hussain, I., 2002, Irrigation impacts on income inequality and poverty alleviation: policy issues and options for improved management of irrigation systems, Working Paper No. 39, International Water Management Institute.

［85］Carney, D. 2002, Sustainable Livelihoods Approaches: Progress and Possibilities for Change, London: DFID.

［86］Carter, C., Zhang, B., 1998, Weather factor and variability in China's grain supply, *Journal of Comparative Economics* 26, 529 – 543.

［87］Chen, Shaohua and Martin Ravallion, 2004, "How have the world's poorest fared since the early 1980s?" Discussion Paper, WPS3341, World Bank.

［88］Claudia Ringler, Ximing Cai, Jinxia Wang et al., 2010, Yellow River basin: living with scarcity, *Water International*, Vol. 35, No. 5, 681 – 701.

［89］DFID (Department for International Development), Sustainable Livelihoods Guidance Sheets (Sections 1 & 2), 1999.

［90］Dhawan, B. D., 1988, Irrigation in Indias Agricultural Development: Productivity, Stability, Equity, *Sage Publications India*, New Delhi, India.

［91］Fan Shenggen, Chan-Kang Connie, 2005, Road development, economic growth, and poverty reduction in China, International Food Policy Research Institute (IFPRI) Report No. 138, Washing DC.

［92］Fan, Shenggen & Hazell, P. B. R., 1999, "Are returns to public investment lower in less-favored rural areas? an empirical analysis of India", EPTD discussion papers 43, International Food Policy Research Institute (IFPRI).

［93］Feder G., T. O'mara, G. 1982, On information and innovation diffusion: a Bayesian approach, *American Journal of Agricultural Economics*.

［94］Fischer, A, J., Arnold, A. J., Gibbs, M. 1996, Information and the speed of innovation adoption, *American Journal of Agricultural Economics* 78.

[95] Haswell, M., 1970, The economics of subsistence agriculture, 4 th ed. London: Tropical agriculture series.

[96] Hayami, Y. and V. W. Ruttan, 1970, Factor Prices and Technical Change in Agricultural Development: The United States and Japan, 1880 – 1960, *Journal of Policical Economy*.

[97] Hossain, M., Gascon, F. and Marciano, E. B., 2000, Income distribution and poverty in rural Philippines: insights from repeat village study, *Economic Political Weekly* 35 (52), 4650 – 4656.

[98] Hu, R., Huang, J., Jin, S., Rozelle, S., 2000, Assessing the contribution of research system and CG genetic materials to the total factor productivity of rice in China, *Journal of Rural Development* 23 (Summer), 33 – 79.

[99] Huang Qq. Dawe D. Rozelle S. Huang J., Wang J, 2005, Irrigation, poverty and inequality in rural China, *The Australian Journal of Agricultural and Resource Economics*, 49, 159 – 175.

[100] Huang Qq. Rozelle S. Lohmar B. Huang J. Wang J, 2006, Irrigation, agricultural performance and poverty reduction in China, *Food Policy*, 31, 30 – 52.

[101] Irrigation in India, Swets & Zeitlinger Publishers, Netherlands.

[102] Jin, S., Huang, J., Hu, R. and Rozelle, S., 2002, The creation and spread of technology and total factor productivity in China's agriculture, *American Journal of Agricultural Economics* 84, 916 – 930.

[103] Koenker R., Bassett G. W., 1978, Regression Quantiles, *Econometrica*, 46: 33 – 50.

[104] Liangzhi You, Mark W. Rosegrant, Stanley Wood, Dongsheng Sun, 2009, Impact of growing season temperature on wheat productivity in China, *Agricultural and Forest Meteorology*, 149 (2009), 1009 – 1014.

[105] Lin Ke HOU, Tong Long ZHANG et al., An economic analysis on effect of climate change on wheat cropping in China, *Agricultural Science & Technology*, 2012, 13 (3): 686 – 688.

[106] Lin, Justin Yifu, 1992, Rural Reforms and Agricultural Growth in

China, *American Economic Review*, 82, 34 -51.

[107] Linder, R. K., 1980, Farm size and the time lag to adoption of a scale neutral innovation, Mimeographed, Adelaide: University of Adelaide.

[108] Lobell, D., Asner, G., 2003, Climate and management contributions to recent trends in U. S. agricultural yields, *Science* 299, 1032.

[109] LUMES (Lund University Masters Program in Environmental Studies and Sustainability Science), 2009, Climate Change Impact on Livelihood, Vulnerability and Coping Mechanisms: A Case Study of West Arsi Zone, Ethiopia.

[110] Marta M. Jankowska, David Lopez-Carr, Chris Funk, Climate change and human health: Spatial modeling of water availability, malnutrition, and livelihoods in Mali, Africa, *Applied Geography* 33 (2012) 4 -15.

[111] McDowell, J. Z. & Hess, J. J., 2012, Accessing adaptation: Multiple stressors on livelihoods in the Bolivian highlands under a changing climate, *Global Environmental Chang*, 22, 342 -352.

[112] MOFFITT R. Program evaluation with no experimental data, *Evaluation Review*, 1991, 15 (3): 291 -314.

[113] Narsey Lal P., Kinch J. and Wickham F., Review of Economic and Livelihood Impact Assessments of, and Adaptation to, Climate Change in Melanesia, Secretariat of the Pacific Regional Environment Programme, January 2009.

[114] Naylor, R., Falcon, W., Wada, N., Rochberg, D., 2002, Using El Ninõ-southern oscillation climate data to improve food policy planning in Indonesia, *Bulletin Indonesian Economic Studies* 38, 75 -88.

[115] Nicholls, N., 1997, Increased Australian wheat yield due to recent climate trend Nature 387, 484 -485.

[116] O'mara, G., 1971, A decision-theoretic view of technique diffusion in a developing country, Ph. D dissertation, Stanford University.

[117] Peng, S., Huang, J., Sheehy, J. E., Laza, R. C., Visperas, R. M., Zhong, X., Centeno, G. S., Khush, G. S., Cassman,

K. G., 2004, Rice yields decline with higher night temperature from global warming, Proceedings of the National Academy of Sciences of the United States of America 101, 9971 – 9975.

［118］ Ravallion, Martin, Shaohua Chen, 2007, "China's (Uneven) Progress Against Poverty", *Journal of Development Economics*, 82 (1), 1 – 42.

［119］ Rosegrant, M. and Evenson, R., 1992, Agricultural productivity and sources of growth in South Asia, *American Journal of Agricultural Economics* 74, 757 – 761.

［120］ Roy, A. D., Shah, T., 2003, In: Llamas, M. R., Custodio, E. (Eds.), Socio-ecology of Groundwater.

［121］ S. Mahendra Dev, Climate Change, Rural Livelihoods and Agriculture (focus on Food Security) in Asia-Pacific Region, 2011, http://www.igidr.ac.in/pdf/publication/WP-2011-014.pdf.

［122］ Travers, L., Ma, J., 1994. Agricultural productivity and rural poverty in China, *China Economic Review* 5 (1), 141 – 159.

［123］ Wang Jinxia, Huang Jikun, Scott Rozelle, et al., 2008, *Understanding the water crisis in northern China: How do farmers and government respond?* In: Ligang Song, Wing Thye Woo, *China's Dilemma: Economic Growth, Environment and Climate Change*, ANU E Press, Asia Pacific Press, Bookings Institution Press and Social Sciences Academic Press (China), 276 – 296.

［124］ World Bank, 2003 China: Promoting Growth with Equity, World Bank Country Study, Report No. 4169-CHA.

［125］ World Bank, 2005, The Scale and Scope of Poverty, China Poverty Assessment Workshop, November 3. Beijing.

［126］ Yahanners. F., Tadees. T., Effect of drip furrow irrigation and plant spacing on yield of tomato at Diredawa Ethiopia, *Agricultural Water Management*, 1998, 35 (3): 201 – 207.

［127］ Yao, Shujie, 2000, "Economic Development and Poverty Reduction in China over 20 Years of Reforms", *Economic Development and Cultural Change*, 48, 447 – 474.

[128] Zhu, J., 2004, Public Investment and Chinas long-term food security under WTO, *Food Policy* 29, 99 – 111.

图书在版编目（CIP）数据

气候变化对农业生产和农户生计影响问题研究 / 刘静著.
—北京：经济科学出版社，2013.12
（中国农业科学院农业经济与发展研究所研究论丛. 第3辑）
ISBN 978 – 7 – 5141 – 4137 – 5

Ⅰ.①气… Ⅱ.①刘… Ⅲ.①农业气象 – 气候变化 – 研究 – 中国 Ⅳ.①S16

中国版本图书馆 CIP 数据核字（2013）第 304835 号

责任编辑：赵　蕾
责任校对：刘欣欣
责任印制：李　鹏

气候变化对农业生产和农户生计影响问题研究
刘静　著

经济科学出版社出版、发行　新华书店经销
社址：北京市海淀区阜成路甲 28 号　邮编：100142
总编部电话：88191217　发行部电话：88191540
网址：www.esp.com.cn
电子邮件：esp@esp.com.cn
天猫网店：经济科学出版社旗舰店
网址：http://jjkxcbs.tmall.com
北京季蜂印刷有限公司印装
710×1000　16 开　10.75 印张　160000 字
2013 年 12 月第 1 版　2013 年 12 月第 1 次印刷
ISBN 978 – 7 – 5141 – 4137 – 5　定价：30.00 元
（图书出现印装问题，本社负责调换。电话：88191502）
（版权所有　翻印必究）